I.S.B.N. : 978-2-917254-23-3

Dépôt légal : Octobre 2010

Ouvrages parus

aux Éditions **Decoopman** :

- *Tiroirs et distributeurs de vapeur* - A. Madamet - 1899
- *La navigation sous-marine* - G.L. Pesce - 1906
- *Histoire de la machine à vapeur* - R.H. Thurston
- *Les paquebots à grande vitesse* - M. Dumoulin
- *Les Moteurs* – H. de Graffigny – 1888
- *Les Torpilles* - E. Hennebert - 1884
- *507 Mouvements mécaniques* - H. T. Brown - 1890
- *Les Machines* - Edouard Collignon -
- *La Vapeur* - Amédée Guillemin - 1876
- *Cours de Thaumaturgie* - Roger Caro - 1955
- *Traité de Thaumaturgie* - Roger Caro - 1954
- *Succès pendulaires* - Roger Caro - 1953
- *Histoire de Sumène III* – Goiffon – Massanne – 2009
- *Histoire de Sumène II* – M. Cabane – 2009
- *Histoire de Sumène I* – I. Boiffils de Massanne – 2009
- *Chiron en Maisons* – Catherine Castanier – 2008
- *La légende des Trois Ermites* – E. Bouisson – 2007
- *L'ancien évêché d'Arrisitum* – L. Clamens – 2007

Olivier Lacaux
Jean Castanier

Ces ouvrages sont disponibles aux

Éditions **Decoopman**
Ferrières
30440 Saint-Laurent-le-Minier
Tel : +33 (0)4.67.73.90.95
web : www.decoopman.com
e.mail : editions@decoopman.com

L'*A.B.C.* DU CHAUFFEUR

Henri MATHIEU

Contrôleur des Mines
Officier de l'Instruction publique

Introduction de

M.C. WALCKENAER
Ingénieur des Mines

1895

INTRODUCTION

Objet de ce Livre. — Observations générales.

Ce traité a pour objet d'aider les ouvriers à acquérir un certain nombre des connaissances nécessaires pour exercer la profession de Chauffeur de chaudières à vapeur.

Pour devenir chauffeur, il faut s'y exercer pratiquement sous la direction d'un homme compétent et exercé. La pratique, voilà en pareille matière une éducatrice indispensable, et tous les livres du monde ne sauraient dispenser de ses leçons.

Et cependant nous présentons un livre à l'usage des ouvriers chauffeurs. Voici pourquoi.

C'est, d'abord, parce que certaines notions que la pratique peut donner, mais qui restent vagues dans l'esprit quand elles résultent de la pratique seule, prennent une précision et par suite une utilité toutes particulières, lorsqu'on les retrouve formulées dans un livre, pourvu que ce livre les formule en termes exacts et clairs : or, dans le traité qu'on va lire , on a cherché à donner au texte ces qualités.

Puis et surtout, c'est parce qu'on ne peut conduire une chaudière à vapeur sans danger de fausse manoeuvre ou d'imprudence, si l'on ne possède sur son fonctionnement et sur les conditions de son emploi des connaissances qui permettent d'interpréter d'une manière judicieuse les circonstances et les incidents qui ont chance de se présenter.

Toutefois, à l'instruction bonne et utile que les chauffeurs acquièrent en vue de posséder ces connaissances, il pourrait, si l'on n'y prenait garde, s'attacher un certain danger ; nous devons signaler ici ce danger aux chauffeurs eux-mêmes, parce qu'il est loisible à leur conscience et à leur raison de l'éviter. Ce danger, c'est celui qui résulte parfois des demi-instructions. Un progrès vers le bien est toujours un bien, mais une apparence de progrès peut être un mal. Il faut, en d'autres termes, que le chauffeur se défie suffisamment de lui-même au point de vue de ses connaissances techniques ; il faut, en cette matière de savoir professionnel, qu'il ne se considère comme sachant personnellement que ce qu'il comprend parfaitement et, d'une manière absolument sûre. Il y va de sa sécurité et de celle des autres ; l'accomplissement de son devoir et sa dignité sont à ce prix.

Sous le bénéfice de ces remarques, voici comment nous présumons qu'on profitera le mieux possible de ce livre.

On trouvera d'abord dans la présente Introduction, quelques considérations générales. Ce sont des principes qu'il nous a paru particulièrement utile de faire ressortir en les groupant ainsi. Ce ne sont pas les choses les plus faciles à comprendre; aussi le lecteur pourra-t-il trouver tout d'abord à ces explications générales quelques obscurités. Nous lui demandons de bien retenir ce qu'il comprendra nettement ; quant à ce qui lui paraîtra obscur, il voudra bien sur ces points-là suspendre tout d'abord son jugement, pour y revenir plus tard.

Puis, dans la partie principale du livre, il trouvera un certain nombre de détails sur les chaudières et leurs appareils annexes, et des recommandations sur la manière de s'en servir. Dans toute la mesure du possible, il devra comparer ces descriptions et ces règles avec les appareils qu'il est à même de voir, et avec les manoeuvres qu'il est appelé à faire, ou qu'il voit faire à des chauffeurs compétents. C'est en rapprochant ainsi le texte du livre de la réalité des choses qu'il pourra assimiler ce texte et en profiter ; il s'agit de développer en lui les aptitudes nécessaires au service pratique ; nous ne voulons pas faire un chauffeur en chambre.

Les derniers chapitres se rapportent à la conduite des machines. On n'a pas prétendu exposer dans ces quelques pages tout ce qu'un mécanicien doit savoir ; mais le chauffeur y trouvera les notions les plus essentielles relatives aux moteurs de nature simple, et ces premiers principes pourront lui servir de point de départ pour développer ensuite son instruction professionnelle.

Enfin, il faudra revenir plusieurs fois sur les différentes parties du livre, et en particulier sur l'Introduction, parce qu'un certain nombre de choses, et notamment certains principes généraux, se comprendront mieux à la fin de l'étude qu'au commencement.

Mode de fonctionnement d'une chaudière.

Pour faire fonctionner une chaudière à vapeur, quelle qu'en soit la forme, il faut toujours entretenir dans la chaudière une quantité d'eau suffisante. En même temps, on entretient du feu dans le foyer, en y faisant brûler un combustible qui est le plus souvent de la houille (charbon de terre) ou du coke. C'est la chaleur de ce feu qui transforme l'eau en vapeur. Cette vapeur trouve issue hors de la chaudière par une conduite par laquelle elle se rend à la machine ou aux autres appareils qui l'utilisent. Cette machine ou ces appareils ont besoin que la conduite leur fournisse un certain débit de vapeur, par exemple 800 kilogrammes de vapeur par heure : il faut alors que l'on introduise dans la chaudière 800 kilogrammes d'eau par heure, pour remplacer celle qui s'en va sous la forme de vapeur, et que l'on entretienne dans le foyer un feu convenable pour vaporiser 800 kilogrammes d'eau par heure.

Rigoureusement, ce n'est pas seulement de façon à produire le débit de vapeur voulu, que le feu doit être réglé ; il doit aussi être réglé de façon que la vapeur soit constamment à la pression voulue. Il faut un peu plus de chaleur pour produire par heure 800 kilogrammes de vapeur à 7^k de pression que pour produire 800 kilogrammes de vapeur à 2^k de pression seulement.

Explications sur la pression.

Rendons-nous bien compte de ce que veulent dire ces expressions, vapeur à 7^k, vapeur à 2^k de pression. Dire que la vapeur est à une certaine pression, cela veut dire que la vapeur et l'eau exercent sur les parois de la chaudière une certaine force, dirigée contre chacune des parois de manière à la repousser ; c'est une force qui, si la chaudière n'avait pas une résistance suffisante, la ferait éclater. On évalue cette force en kilogrammes par centimètre carré. On dit, par exemple, qu'à tel instant il y a dans la chaudière une pression de 6^k par centimètre carré. Cela veut dire que si l'on considère sur une paroi quelconque de la chaudière une surface de 1 centimètre carré, cette surface est, pour sa part, repoussée par la vapeur avec une force de 6^k. Si l'on considérait une surface de 2 centimètres carrés, cette surface double serait repoussée par la vapeur avec une force totale double, c'est-à-dire avec une force de 12 kilogrammes. Si l'on considérait une surface de 10 centimètres carrés, elle serait repoussée avec une force totale de 60 kilogrammes. Ainsi de suite.

La pression s'exerce toujours perpendiculairement aux parois sur lesquelles elle agit, c'est-à-dire comme l'indiquent les flèches sur le croquis ci-contre (fig. a) ; elle s'exerce aussi bien sur les parois baignées par l'eau, que sur les parois du réservoir de vapeur ; enfin sa valeur par centimètre carré est la même en tous les points de la chaudière.

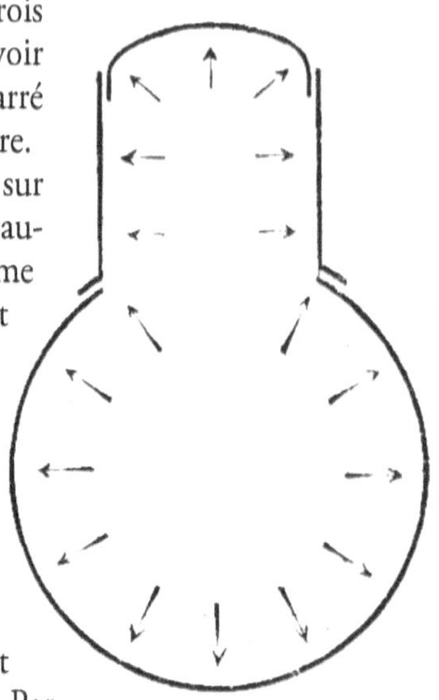

Fig. *a*

Ainsi supposons qu'il existe un ajutage sur n'importe quel point de la paroi de la chaudière, et que cet ajutage se termine comme le montre le croquis (fig. b) par un clapet reposant sur un siège horizontal et chargé directement par un poids. Si le siège du clapet a 20 millimètres de diamètre, il a une surface de 3,14 centimètres carrés (3 centimètres carrés et 14 centièmes); si la pression dans la chaudière est à ce moment 6 kilogrammes par centimètre carré, la force qui s'exerce de bas en haut contre le clapet est donc 6^k x 3,14 = 18^k,84. Par conséquent pour que le clapet ne se soulève pas, il faut que le poids posé dessus vaille environ 19 kilogrammes. Or, il en serait de même, sur quelque point de la chaudière que l'ajutage fût greffé.

Si la pression dans la chaudière était de 10^k par centimètre carré il faudrait pour maintenir le clapet en place, un poids de 10^k x 3,14 = 31^k,4, et cela sur quelque point de la chaudière que l'ajutage fût greffé.

Mais si l'on remplaçait cet ajutage par un autre ayant un clapet de diamètre double, ce clapet aurait une surface quadruple, et il faudrait pour le maintenir en place des poids quatre fois aussi lourds que ceux calculés précédemment.

Au lieu de dire que la pression dans une chaudière est de tant de kilogrammes par centimètre carré, on dit souvent, par abréviation, qu'elle est de tant de kilogrammes. Ainsi, on dira que la pression est de 6^k ou de 10^k : c'est une manière abrégée de dire qu'elle est de 6 kilogrammes par centimètre carré, ou de 10 kilogrammes par centimètre carré.

Les pressions dont nous parlons sont des pressions effectives. Voici ce que cela veut dire.

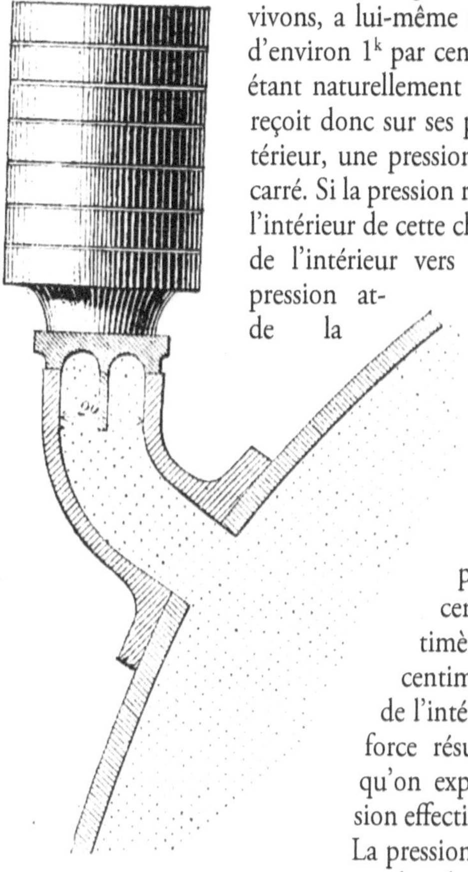

Fig. *b*

L'air atmosphérique, au milieu duquel nous vivons, a lui-même une certaine pression, qui est d'environ 1^k par centimètre carré. Une chaudière, étant naturellement environnée par l'atmosphère, reçoit donc sur ses parois, de l'extérieur vers l'intérieur, une pression d'environ 1^k par centimètre carré. Si la pression réelle ou absolue de la vapeur à l'intérieur de cette chaudière, pression qui s'exerce de l'intérieur vers l'extérieur, est égale à la pression atmosphérique, les parois de la chaudière sont également pressées dans les deux sens, elles ne tendent donc, en définitive, à se déplacer ni dans un sens ni dans l'autre. Mais si la pression absolue de la chaudière dépasse la pression atmosphérique d'une certaine quantité, de 6^k par centimètre carré par exemple, chaque centimètre carré de paroi est poussé de l'intérieur vers l'extérieur avec une force résultante égale à 6^k. C'est ce qu'on exprime en disant que la pression effective dans la chaudière est de 6^k. La pression absolue est plus grande, elle est, dans le cas de notre exemple, égale à environ 7^k. Mais c'est toujours, à moins d'indication contraire, de la pression effective que l'on parle : cette pression effective est, comme on voit, l'excès de la pression absolue sur la pression atmosphérique.

Il est bon de savoir que lorsqu'une chaudière contient, comme cela doit toujours avoir lieu, à la fois de l'eau et de la vapeur, la pression qui existe à l'intérieur de cette chaudière est en correspondance avec la température de la vapeur ; c'est-à-dire qu'à telle température de la vapeur correspond telle pression, et réciproquement à cette pression correspond nécessairement cette température de vapeur. A la température de 100° l'eau bout sous la pression atmosphérique : c'est-à-dire que pour cette température, la vapeur a une pression absolue égale à la pression de l'atmosphère, ou en d'autres termes une pression effective nulle. Plus la température est élevée au-dessus de 100°, dans une chaudière contenant à la fois eau et vapeur, plus la pression effective est importante. Pour la température de 164°, cette pression effective est 6^k ; réciproquement, si dans la chaudière en question la pression effective est 6^k, la température de la vapeur est 164°. A la température de 175° correspondrait de même une pression effective de 8^k, etc.

Cette correspondance entre la température et la pression n'existe que là où il y a à la fois de l'eau et de la vapeur. Ainsi dans un réchauffeur, où il y a de l'eau mais pas de vapeur, la pression peut être forte malgré que la température soit peu élevée. Dans un surchauffeur où il y a de la vapeur mais pas d'eau, la vapeur peut être portée à une haute température sans qu'il y ait entre la température et la pression la même correspondance que ci-dessus[1].

Si la machine ou les autres appareils qui utilisent la vapeur consomment moins de vapeur qu'il ne s'en produit dans la chaudière, la pression dans la chaudière augmente et la température de la vapeur contenue dans la chaudière s'élève ; au contraire, cette pression diminue et cette température s'abaisse, si la chaudière produit moins de vapeur que la conduite de vapeur ne lui en prend.

Un bon chauffeur doit savoir faire le nécessaire pour que la pression à la chaudière se maintienne toujours le plus exactement possible au degré voulu.

Opérations principales des chauffeurs.

Les deux ·opérations principales, confiées aux soins du chauffeur sont, comme nous l'avons déjà indiqué, l'alimentation en eau et le chauffage de la chaudière.

Pour alimenter d'eau sa chaudière, le chauffeur dispose d'un ou plusieurs appareils d'alimentation, dont les principaux systèmes seront décrits au chapitre III de ce livre. Ce n'est pas ici le lieu d'entrer dans ce détail.

1 Lorsqu'on chauffe de la vapeur sèche, il peut arriver, suivant les cas, 1° ou bien que la pression s'élève (c'est ce qui arriverait par exemple si le chauffage avait lieu sous volume constant dans un appareil clos), 2° ou bien que la température monte sans qu'il en soit de même de la pression (c'est ce qui peut arriver par exemple si la vapeur ne fait que traverser un serpentin surchauffeur hors duquel elle a en permanence un écoulement suffisant).

Pour la chauffer, il entretient un feu plus ou moins actif dans le foyer de cette chaudière. Les combustibles qu'il a le plus souvent à employer sont la houille ou charbon de terre à l'état naturel, les briquettes ou agglomérés de houille, le coke, et, moins fréquemment, le bois, la sciure ou les copeaux de bois.

Notions générales sur la combustion.

Il est intéressant de savoir que d'une manière tout à fait générale, quand un quelconque de ces combustibles brûle, la plus grande partie de ses éléments constitutifs se combine chimiquement avec l'oxygène contenu dans l'air : c'est là ce qui constitue essentiellement la combustion. Pour bien alimenter la combustion, il faut qu'il passe dans le foyer, au contact du combustible en train de brûler, une quantité d'air plus grande que celle qui prend part aux actions chimiques, mais pas excessive cependant ; cette quantité est d'ailleurs variable suivant la nature du combustible et l'allure du feu ; c'est en voyant l'allure du feu que le chauffeur doit apprendre à juger si l'admission d'air est convenable, ou s'il faut l'augmenter ou la diminuer.

La combustion laisse quelques résidus solides qui sont principalement les cendres et le mâchefer. Mais en grande majorité, les éléments qui constituaient le combustible sont transformés par la combustion en produits gazeux qui, mélangés à ce qui reste de l'air introduit, se dégagent dans le foyer sous la forme de flammes et de gaz chauds.

Transmission de la chaleur à l'eau de la chaudière. Surface de chauffe.

C'est la chaleur de ces flammes et de ces gaz chauds qu'il s'agit maintenant de transmettre, en aussi grande partie que possible, à l'eau de la chaudière. Cette transmission ne peut naturellement se faire qu'au travers des parois de la chaudière, et par l'intermédiaire de ces parois. En conséquence, on fait circuler les flammes et les gaz chauds au contact d'une certaine étendue de parois métalliques qui font partie de la chaudière, et qui sont, sur leur autre face, baignées par l'eau à chauffer. Les gaz chauds, à mesure qu'ils lèchent ces parois, se refroidissent progressivement à leur contact, et ce refroidissement correspond à une cession de chaleur des gaz chauds aux parois métalliques et des parois métalliques à l'eau qui les baigne.

C'est ainsi que l'eau de la chaudière se trouve chauffée. Si l'explication précédente a paru un peu compliquée, que l'on veuille bien songer que nous n'avons cependant décrit qu'un phénomène très simple et très usuel, car ce n'est guère autrement, en définitive, que s'échauffe l'eau d'une marmite suspendue au-dessus d'un feu.

L'ensemble des parois métalliques, baignées par l'eau sur une de leurs faces et léchées sur l'autre par les gaz chauds du foyer, constituent la *surface de chauffe* de la chaudière. Il y a intérêt à donner à cette surface de chauffe un développement aussi grand que possible afin de pousser aussi loin qu'on le peut le refroidissement progressif que subissent les gaz chauds à mesure qu'ils en lèchent les parties successives. Il est clair, en effet, qu'on a intérêt à dépouiller le plus qu'on peut les gaz chauds de leur chaleur au profit de la surface de chauffe : toute la chaleur que les gaz chauds transmettent à la surface de chauffe, et par celle-ci à l'eau de la chaudière, se trouve en effet utilisée ; tandis que la chaleur que les gaz chauds emportent encore avec eux en quittant la surface de chauffe est perdue pour le chauffage de la chaudière.

Cependant, remarquons qu'il est nécessaire que les gaz chauds emportent encore avec eux une certaine chaleur car, après avoir léché la surface de chauffe comme il vient d'être dit, ils vont s'évacuer au-dehors par une cheminée, et il faut qu'ils aient encore, dans cette cheminée, une température assez élevée pour produire un bon tirage.

Toutes les parties de la surface de chauffe ne sont pas également efficaces au point de vue du chauffage de l'eau de la chaudière. A étendues égales, les premières parties, qui sont au contact des flammes et des gaz alors qu'ils sont le plus chauds, sont plus efficaces que les dernières, qui sont léchées par des gaz déjà partiellement refroidis. Ce sont surtout les parties de la surface de chauffe qui voient le feu qui sont les plus efficaces pour une même étendue[2].

Ces parties de la surface de chauffe qui *voient le feu* sont souvent appelées la surface de chauffe directe ; les autres constituent la surface de chauffe indirecte. Comme nous venons de le dire, un décimètre carré de la surface de chauffe indirecte est moins efficace pour la production de vapeur qu'un décimètre carré de la surface de chauffe directe. Cela n'empêche pas la surface

2 Cela tient à ce que ces parties reçoivent de la chaleur par *rayonnement* ; il y a là une notion qui serait trop difficile à faire comprendre et sur laquelle nous n'insisterons pas.

de chauffe indirecte d'être aussi très utile, parce qu'on peut lui donner une grande étendue.

Les chaudières à vapeur ont des formes très variées : on trouvera la description de quelques-unes des formes les plus usuelles au chapitre II de ce livre. Mais quoi qu'il en soit, un bon chauffeur doit savoir reconnaître, en examinant la chaudière confiée à ses soins, de quelles parties se compose sa surface de chauffe. Ainsi pour une chaudière cylindrique à deux bouilleurs, installée dans le fourneau de maçonnerie que représentent les figures 9 et 10, les flammes et les gaz chauds produits dans le foyer *a* vont d'abord de l'avant vers l'arrière[3] en léchant les bouilleurs, qu'elles entourent à peu près complètement ; puis, arrivés à l'arrière, ces gaz chauds s'élèvent jusque dans un des deux carneaux qui longent le corps cylindrique, le carneau de droite par exemple ; par ce carneau ils reviennent de l'arrière à l'avant, en léchant la partie du corps cylindrique placée dans ce carneau ; puis passant du carneau de droite dans le carneau de gauche, ils retournent par ce dernier de l'avant vers l'arrière, en léchant la partie du corps cylindrique, symétrique de la première, qui est placée dans ledit carneau de gauche. Enfin ils vont à la cheminée. Dans une chaudière ainsi faite, la surface de chauffe se compose de la surface des bouilleurs, et des parties de la surface du corps cylindrique qui se trouvent dans les carneaux longeant ce corps. Assez souvent cela fait à peu près la moitié de la surface du corps cylindrique, à ajouter à la totalité de la surface des bouilleurs.

Prenons un autre exemple : considérons une chaudière du type locomotive, connue la chaudière de locomobile représentée (fig. 11-12). La surface de chauffe se compose d'abord des parois du foyer (ciel et parois verticales, y compris la plaque tubulaire), puis de la totalité des tubes à fumée, par lesquels les flammes et les gaz chauds, produits dans le foyer, se rendent du dit foyer à la boîte à fumée et à la cheminée.

Considérons encore, pour bien éclaircir cette notion de la surface de chauffe, une chaudière verticale à tubes pendentifs, système Field (fig. 15). Dans une pareille chaudière, la surface de chauffe comprend les parois cylindriques du foyer, le ciel du foyer qui est ici une plaque tubulaire, et la totalité de la surface extérieure des tubes bouilleurs qui pendent dans le foyer.

3 Dans tout ce livre, on appellera avant d'une chaudière le côté où se trouve la porte du foyer ; la droite et la gauche seront la droite et la gauche d'une personne placée devant la chaudière et regardant le foyer.

Dans les chaudières à petits éléments, telles que les chaudières Belleville, Roser, Babcock et Wilcox, Collet ou autres, la surface de chauffe se compose soit exclusivement, soit principalement de la surface extérieure des tubes bouilleurs. En outre, dans certaines de ces chaudières, le gros réservoir supérieur est en partie chauffé : sa partie chauffée est alors à ajouter à la surface totale des tubes bouilleurs, comme faisant partie aussi de la surface de chauffe.

Règle relative à la hauteur minimum de l'eau.

Nous avons insisté sur cette notion de la surface de chauffe, parce qu'en laissant de côté quelques rares exceptions dont nous dirons un mot plus bas, le minimum de hauteur d'eau qui doive exister dans toute chaudière est $0^m,06$ au-dessus de la partie la plus élevée de la surface de chauffe. Remarquons bien la portée de cette règle. Elle ne dit pas seulement qu'il doive y avoir au moins $0^m,06$ d'eau au-dessus de la partie de la surface de chauffe la plus active : elle dit qu'il doit y avoir au moins $0^m,06$ d'eau au-dessus de la partie de la surface de chauffe la plus élevée ; et par conséquent, au-dessus de toutes les parties de la surface de chauffe sans exception ; car, s'il y a au moins $0^m,06$ d'eau au-dessus de la partie de la surface de chauffe qui est la plus élevée, il est clair qu'il y en a davantage encore au-dessus de toutes les autres. Ainsi la règle dont nous parlons revient à dire, en d'autres termes, que toutes les parois qui composent la surface de chauffe doivent être baignées par l'eau ; que non seulement elles doivent toutes être baignées par l'eau, mais qu'encore la plus élevée d'entre elles doit avoir au-dessus d'elle au moins $0^m,06$ de hauteur d'eau.

Nécessité de cette règle ; danger de surchauffe et par suite d'explosion en cas de manque d'eau .

Voici pourquoi il faut absolument que toutes les parois et portions de paroi qui font partie de la surface de chauffe soient baignées par l'eau. Dire qu'une portion de paroi fait partie de la surface de chauffe, c'est dire que sur une de ses faces elle est chauffée, étant soumise sur cette face à l'action des gaz chauds provenant du foyer. Cela posé, si sur son autre face, ainsi que cela doit être, cette portion de paroi est baignée par l'eau, l'eau l'empêche de s'échauffer outre mesure ; la chaleur qui lui est donnée par les gaz chauds qui la lèchent lui est en effet retirée d'autre part, au fur et à mesure, par l'eau qui la baigne sur une autre face ; en définitive, la chaleur du feu se transmet à l'eau ; la transmission se fait bien, à la vérité, par l'intermédiaire de la tôle ; mais l'action rafraîchissante de l'eau est puissante sur la tôle (nous parlons des cas où la chaudière est propre et où tout se passe normalement) et la tôle, en définitive, garde une température assez peu élevée pour que ses qualités de résistance, d'élasticité, etc. ne soient pas compromises, et pour qu'elle ne se brûle c'est-à-dire qu'elle ne s'oxyde pas. Au contraire, supposons qu'une portion de paroi, chauffée sur une de ses faces par les gaz chauds provenant du foyer, ne soit pas baignée par l'eau sur son autre face. Si elle n'est pas baignée par l'eau, elle est en général baignée par la vapeur ; mais cela ne revient pas au même. La vapeur est loin de rafraîchir la tôle, par son contact, aussi activement que l'eau. Cette portion de paroi, chauffée sur une face, mal rafraîchie sur l'autre, s'échauffe dès lors plus qu'il ne convient ; ou, comme on dit, elle se surchauffe ; elle peut arriver à la température du rouge, ou du moins à une température assez élevée pour l'avarier plus ou moins grièvement. Si la surchauffe est peu intense, la tôle se brûle c'est-à-dire s'oxyde rapidement ; elle peut se craquer et se détériorer de diverses manières ; quand la partie surchauffée comprend des rivures ou autres assemblages, ceux-ci ont particulièrement à souffrir. Dans le cas où le métal surchauffé arrive à la température du rouge, le mal est bien plus grave encore.

Au voisinage du rouge, la tôle perd sa résistance. Alors, sous l'action de la pression intérieure de la chaudière, à laquelle il cesse de pouvoir résister, le métal s'emboutit, forme bosse, ou le plus souvent même se déchire. Cette déchirure livre un brusque passage à la vapeur sous pression dont la chaudière est pleine, ainsi qu'a l'eau qui y est encore contenue ; cette vapeur et cette eau entraînant en outre avec elles, le plus souvent, des produits de la combustion (gaz délétères, escarbilles, etc.), font irruption hors de l'appareil, sous forme d'une bouffée plus ou moins destructive, mais toujours brûlante et dangereuse, et les personnes que cette bouffée atteint reçoivent des brûlures graves, qui ne risquent que trop d'être mortelles, C'est une explosion de la chaudière, c'est *l'explosion par manque d'eau.*

Il est donc, comme nous l'avons dit, absolument indispensable que toutes les parois ou portions de paroi qui sont chauffées sur une de leurs faces par les gaz provenant du foyer, soient baignées par l'eau sur leur face opposée ; en d'autres ternies, que l'eau s'élève dans la chaudière au-dessus de toutes les parties qui composent la surface de chauffe.

Quelques exceptions à la règle de la hauteur minimum de l'eau ; leur nature.

Nous avons averti le lecteur que cependant il y a quelques exceptions à cette règle. Pour comprendre comment ces exceptions peuvent exister et quel en est le caractère, il faut se rappeler que dans une chaudière, toutes les parties de la surface de chauffe sont loin d'être chauffées également : ce que nous avons appelé d'une manière générale, dans ce qui précède, les *gaz chauds*, ce sont d'abord des flammes qui sont à une température très élevée ; puis des gaz éteints, qui à mesure qu'ils lèchent les parois de la surface de chauffe se refroidissent, se dépouillent d'une grande partie de leur chaleur en la transmettant, par l'intermédiaire des parois métalliques, à l'eau contenue dans la chaudière : finalement, les gaz et fumées qui quittent les dernières parties de la surface de chauffe pour aller à la cheminée sont à une température relativement peu considérable.

Dès lors, il peut arriver que dans certaines chaudières, les dernières parties de la surface de chauffe soient assez faiblement chauffées pour qu'on puisse, sans inconvénient sérieux, en laisser émerger au-dessus de l'eau une portion relativement peu étendue. Tel est le cas, par exemple, pour une partie de la cheminée de la chaudière Field représentée par la figure 15[4]. Une autre exception à notre règle générale, mais d'une nature assez différente, est fournie par la chaudière Belleville. Dans la chaudière Belleville (fig. 16 et 17), la partie supérieure du faisceau des tubes bouilleurs ne parait pas être intérieurement baignée par l'eau, si l'on s'en réfère au niveau de l'eau accusé par le tube indicateur en verre, et cependant elle est chauffée extérieurement par les gaz chauds provenant du foyer. Sans doute cette partie supérieure du faisceau n'est pas la partie la plus chauffée, mais elle est encore chauffée fortement. Seulement, le fonctionnement de la chaudière Belleville est un fonctionnement tout spécial. Chaque élément du faisceau des tubes bouilleurs y forme un serpentin continu et, en somme, la partie supérieure de ce faisceau n'est pas parcourue seulement par de la vapeur proprement dite : elle est parcourue en réalité par un mélange de vapeur et d'eau, dont l'action rafraîchissante sur les tubes bouilleurs est bien plus active que ne le serait l'action de la vapeur

4 Il en est de même encore pour la partie supérieure des tubes à fumée des chaudières verticales tubulaires à flamme directe (type de chaudière qu'on rencontre assez souvent, par exemple, sur beaucoup de grues de chargement).

seule. Il y a, donc là, nous le répétons, des conditions de fonctionnement exceptionnelles, qui n'infirment point la règle générale.

Observations sur les appareils indicateurs du niveau de l'eau.

Quant aux appareils indicateurs qui servent à faire voir au chauffeur s'il a en tout temps dans sa chaudière une quantité d'eau suffisante, tube indicateur en verre, robinets de jauge, flotteurs, nous renvoyons pour leur description et leur mode d'emploi au chapitre IV de ce livre. Nous tenons seulement à spécifier ici quelques recommandations qui semblent particulièrement opportunes. Il est d'une extrême importance que le chauffeur ait son tube de verre toujours en parfait état ; tant que la chaudière fonctionne, le poste du chauffeur est auprès de sa chaudière, et le tube indicateur en verre doit être lui-même en situation de fonctionnement permanent. Le chauffeur doit l'observer très fréquemment ; il doit le purger au moins une fois par heure[5], afin de s'assurer que ses communications d'eau et de vapeur avec la chaudière sont bien libres, et en même temps afin de chasser, par l'effet même de l'opération de purge, les commencements d'obstruction qui pourraient s'y être faits. Pour purger d'une façon méthodique et complète un tube de verre, il faut faire successivement toutes les opérations suivantes :

1. Ouvrir le robinet de purge, fermer le robinet de communication de vapeur ; s'assurer que les choses étant ainsi, l'eau s'échappe bien et librement par le robinet de purge ; laisser cet échappement se faire assez longtemps pour être sûr qu'on a affaire à un écoulement permanent, c'est-à-dire qu'il ne s'agit pas seulement d'un tube ou d'un tuyau qui se viderait, mais que l'eau qui s'échappe se renouvelle continuellement et vient bien de la chaudière elle-même ;
2. Ouvrir le robinet de communication de vapeur, fermer le robinet de communication d'eau ; le robinet de purge étant ouvert, s'assurer que la vapeur s'échappe bien et librement par ce robinet de purge ; laisser cet échappement se faire assez longtemps pour être sûr qu'on a affaire à un flux permanent, c'est-à-dire qu'il ne s'agit pas seulement d'une

5 Il faut prendre les précautions voulues pour ne pas risquer d'être blessé par les éclats de verre d'un tube qui se romprait : on trouvera à ce sujet quelques indications dans le corps du livre.

quantité limitée de vapeur qui se détendrait, mais que la vapeur qui s'échappe se renouvelle continuellement et vient bien de la chaudière elle-même ;

3. Fermer le robinet de purge et rouvrir le robinet de communication d'eau ; s'assurer que l'eau remonte bien franchement et sans difficulté dans le tube de verre, s'y arrête en oscillant légèrement, et qu'ensuite elle y reste en permanence ;
4. S'assurer que tous les robinets sont alors revenus à leurs positions normales, c'est-à-dire notamment que les robinets de communication d'eau et de communication de vapeur sont l'un et l'autre dûment ouverts.

L'opération de purge ne devra pas être considérée comme terminée avant que cette dernière vérification ait été faite.

Il est facile de se rendre compte de la nécessité de faire ainsi fonctionner le robinet de purge pendant deux temps successifs, l'un pendant lequel le robinet de la monture inférieure est ouvert et celui de la monture supérieure fermé, l'autre pendant lequel ces robinets occupent les positions inverses. En effet, quand par exemple on se contente d'ouvrir le robinet de purge en laissant ouverts les robinets de communication d'eau et de vapeur, un échappement permanent d'eau mêlée de vapeur pourrait se produire par la purge malgré que le tube indicateur serait bouché : car si l'obstruction était à la base du verre ou dans la monture métallique, mais au-dessus du passage allant de la communication d'eau à la purge, ce qui s'échappe pourrait être de l'eau venant directement de la chaudière par ce passage et se vaporisant en partie lors de son échappement. On n'aurait pas non plus, en procédant ainsi, de garanties contre un étranglement qui existerait à la partie supérieure du tube, dans la monture du haut ou dans la communication de vapeur : or un pareil étranglement a pour effet de donner dans le tube un niveau supérieur au niveau réel[6]. Il est donc important de vérifier séparément que la communication d'eau est bien libre, et que celle de vapeur l'est aussi.

Il est également important, lorsqu'on replace, à la fin de l'opération, les robinets dans leurs positions normales, de s'assurer que l'eau remonte bien dans le tube et y reste ensuite en permanence : car en certains cas il peut arriver

6 Si, en manière d'expérience, on ferme le robinet de la communication supérieure, on voit l'eau emplir le tube si cette communication est plus ou moins étranglée, l'eau s'élève dans le tube plus ou moins haut. Toute obstruction ou étranglement dans le tuyau de communication de vapeur a les mêmes effets.

qu'une chaudière soit en manque d'eau, et que cependant il vienne de l'eau lorsqu'on fait fonctionner le robinet de purge, et que l'eau apparaisse dans le tube au moment où l'on vient de refermer ce robinet : cela peut arriver, par exemple, lorsque le tuyau de communication d'eau est greffé sur une partie basse de la chaudière, ou contient lui-même de l'eau : il peut se produire alors un jeu de pressions qui fasse ainsi affluer ou remonter l'eau d'une manière temporaire et trompeuse.

Pour éviter ces mécomptes, il faut d'une part que le tube de verre soit installé comme il convient ; d'autre part il est essentiel que le chauffeur l'observe avec vigilance, et procède à intervalles suffisamment rapprochés aux opérations de purge méthodiques, sans omettre aucune des constatations et vérifications indiquées ci-dessus.

Quand il arrive qu'un tube de verre casse, il faut le remplacer aussitôt. On doit donc avoir toujours des tubes de rechange tout prêts, ainsi que les garnitures nécessaires pour la pose de ces tubes. Il est important que le porte-tube du bas et celui du haut soient exactement en regard l'un de l'autre, et que le tube soit posé bien droit : autrement il a chance de se rompre. Il faut prendre les précautions nécessaires pour que les garnitures ne puissent venir obstruer le tube soit à l'une soit à l'autre de ses extrémités. Dans le cas où les garnitures sont faites au moyen de bagues en caoutchouc, voici ce que dit à ce propos M. l'Ingénieur des Mines Sauvage, dans son manuel à l'usage des mécaniciens et des chauffeurs, intitulé *La Machine locomotive*[7] :

> Le joint étanche du tube en verre dans les tubulures en bronze est assuré au moyen d'une bague en caoutchouc serrée par un presse-garniture. Quelquefois le caoutchouc pénètre entre le verre et le presse-garniture et même en-dessous du verre, qui risque alors d'être bouché : on évite cet accident en plaçant contre la bague en caoutchouc, en-dessus et en-dessous, une petite tresse de chanvre. »

Lorsque le travail de la chaudière a été interrompu, il ne faut jamais le reprendre sans purger le tube avec le plus grand soin et vérifier attentivement si après cette opération on en replace bien les robinets dans les positions voulues : faute de ces précautions, il est arrivé trop souvent que des explosions par manque d'eau se produisaient peu après la reprise du travail.

---

7 E. Sauvage, « *La Machine locomotive* », manuel pratique donnant la description des organes et du fonctionnement de la locomotive. Paris, Baudry,1891. — § 45, page 68.

Un système de robinets de jauge étagés est un appareil indicateur du niveau de l'eau très sût, lorsque ces robinets sont greffés sur les parois de la chaudière d'une manière directe, et non point par l'intermédiaire de tuyaux, et lorsqu'ils évacuent directement à l'air libre, sans être suivis de tuyaux d'évacuation. Car lorsqu'il y a des tuyaux plus ou moins longs, soit entre la chaudière et les robinets de jauge, soit à la suite de ces robinets, on peut craindre que ces tuyaux soient le siège de condensations de la vapeur, et qu'on prenne pour un robinet accusant de l'eau à la chaudière, un robinet qui donnerait de la vapeur condensée, d'aspect trompeur. Il faut donc que le chauffeur soit en garde contre cette cause d'erreur. De plus il convient, pour bien consulter un robinet de jauge, de le laisser ouvert un temps suffisant pour être sûr que ce qui en sort, en sort bien d'une manière permanente.

S'ils sont bien disposés et intelligemment consultés, les robinets de jauge constituent de bons appareils, qui n'ont d'autre inconvénient que de ne pas donner d'indications permanentes. Puisqu'ils ne donnent d'indications que lorsqu'on les consulte, il faut donc les manœuvrer souvent. On veille en même temps à ce qu'ils ne se bouchent pas.

Les flotteurs, même ceux des meilleurs systèmes, sont tous exposés à se déranger. Il faut donc vérifier souvent leur bon fonctionnement, et regarder très fréquemment si leurs indications restent d'accord avec les indications du tube de verre quand celui-ci vient d'être purgé, et dans le cas où la chaudière possède des robinets de jauge bien disposés, avec les indications des robinets de jauge.

Causes de surchauffe autres que le défaut d'alimentation.

Nous avons vu pourquoi il est de la plus extrême importance de veiller à ce que l'eau ne s'abaisse jamais dans la chaudière plus qu'il ne convient : c'est parce que, si une paroi fortement chauffée sur une de ses faces n'était pas baignée par l'eau sur son autre face, cette paroi serait exposée à se surchauffer, à rougir, et par suite à se déchirer, ce qui constituerait une explosion de la chaudière. Mais en dehors du défaut d'alimentation, il y a d'autres causes encore par suite desquelles une paroi faisant partie de la surface de chauffe peut subir une surchauffe qui risque, suivant les cas, on bien d'amener une déchirure assez brusque et importante pour constituer une explosion de la chaudière, ou bien de produire seulement une avarie plus ou moins grave, telle que bosse, crique, brûlure de tôle, etc. il importe que la conduite de la chaudière ne donne prise à aucune de ces éventualités.

Passons donc en revue ces nouvelles causes de surchauffe.

Manque d'eau local par obstruction ou étranglement.

D'abord, sans qu'il y ait dans l'ensemble de la chaudière insuffisance de hauteur d'eau, il peut arriver, avec certains types de chaudières, que telle ou telle partie de la chaudière vienne à manquer d'eau individuellement, par exemple par suite de l'obstruction ou de l'étranglement d'une communication entre cette partie et le reste de l'appareil. On conçoit notamment que les chaudières à petits éléments dont les diverses parties communiquent entre elles par des passages souvent étroits, puissent subir des effets de ce genre. En fait, les *manques d'eau locaux* de cette espèce, causent des accidents. Il faut se prémunir contre eux avec d'autant plus de soin que, bien évidemment, les appareils indicateurs du niveau de l'eau ne donnent, en pareil cas, aucun avertissement du danger[8]. Le moyen d'écarter les éventualités de ce genre consiste à tenir constamment la chaudière propre et entièrement libre d'obstructions, ce qui exige : 1° que les nettoyages soient suffisamment fréquents ; 2° que chacun d'eux soit absolument complet et qu'aucun ajutage, aucune communication n'échappe à l'action des outils de nettoyage.

Surchauffe par l'effet des dépôts.

Une autre cause de surchauffe qui s'applique à tous les types de chaudières, peut provenir directement de l'accumulation des dépôts sur les parois de la surface de chauffe.

L'eau dépose toujours à l'intérieur des chaudières soit du tartre adhérent, soit de la matière boueuse, soit l'un et l'autre, en quantité plus ou moins considérable. La présence de ces dépôts sur les parois qui composent la surface de chauffe est toujours regrettable, attendu qu'ils empêchent la chaleur de se transmettre de la tôle à l'eau de la chaudière aussi facilement que si la surface de la tôle était nette, et par conséquent ils tendent à rendre, toutes choses égales d'ailleurs, la vaporisation moins active. Mais c'est un inconvénient

8 A moins de circonstances tout à fait exceptionnelles.

inévitable et qui n'a pas de conséquences bien fâcheuses tant que la couche de dépôts reste suffisamment mince. Tout autrement grave devient le mal, si l'épaisseur de la croûte tartreuse ou de la couche de dépôts quelconques, en boue ou en lamelles, devient notable : car alors cette couche de dépôts forme pour la chaleur un véritable écran entre la tôle et l'eau de la chaudière; la chaleur, donnée à la tôle par le contact des gaz chauds, ne se transmet plus à l'eau avec une facilité suffisante ; c'est ce qu'on peut encore exprimer en d'autres termes, en disant que l'eau ne rafraîchit plus la tôle suffisamment. Dès lors, la température de la tôle s'élève d'une manière exagérée, et (comme dans le cas de manque d'eau) cette tôle se surchauffe et peut venir à se déchirer, par suite de sa diminution de résistance à haute température, sous l'action de la pression qui existe à l'intérieur de la chaudière. On peut avoir ainsi des explosions de chaudières accompagnées d'effets destructeurs d'autant plus violents que la chaudière contient plus d'eau[9]. D'autres fois, l'accumulation de tartre ou de boue étant localisée sur une petite surface, et la surchauffe de la tôle ayant peu d'étendue, l'effet se borne à la formation d'une bosse, avec ou sans crique au sommet.

Contre ces dangers d'explosion ou d'avarie, le moyen préventif essentiel consiste à nettoyer la chaudière suffisamment souvent. L'intervalle des nettoyages doit être réglé judicieusement, eu égard à la nature des eaux et à l'allure de la marche de la chaudière. Avec certaines chaudières, on peut en outre, entre deux nettoyages, retarder utilement l'accumulation des dépôts par des extractions périodiques. Il y a encore, contre l'accumulation des dépôts, quelques autres mesures préventives qui, suivant les cas, peuvent rendre des services : la meilleure consiste à épurer, lorsqu'il y a lieu, les eaux d'alimentation avant leur introduction dans la chaudière. Les moyens à employer à cet effet sont du ressort du patron et non du chauffeur seul.

Quant à l'introduction dans la chaudière de certaines matières appelées *tartrifuges*, ou *désincrustants*, c'est une pratique dont on a quelquefois abusé ; il n'a pas manqué de charlatans pour préconiser, sous ces dénominations, des composés inefficaces ou même plus nuisibles qu'utiles.

Il y a cependant parfois, suivant la nature des eaux, intérêt à introduire dans la chaudière telle ou telle substance[10] qui modifie la nature des dépôts,

9 Cela tient à ce qu'une partie de cette eau se vaporise par l'effet de la chute de pression.

10 Encore faut-il, dans tous les cas, se garder d'y introduire des corps susceptibles d'y produire eux-mêmes des obstructions ; ce danger serait particulièrement à craindre dans une chaudière à petits éléments.

remplaçant par exemple la formation de tartre dur par un simple dépôt pulvérulent. Ici encore, le chauffeur n'a pas à décider seul des mesures de cet ordre : mais il importe qu'il se rende compte, dans tous les cas, de la quantité et de la nature des dépôts qui se forment dans la chaudière, afin de renseigner ses chefs et d'être à même de procéder en temps utile aux nettoyages nécessaires.

Danger des dépôts gras.

En dehors du tartre et des dépôts ordinaires, dont la nature est en général surtout calcaire, il y a une catégorie de matières dont la présence dans les chaudières est très à craindre : ce sont toutes les matières grasses. Il suffit en effet d'une épaisseur minime de dépôt gras pour isoler puissamment la tôle de l'eau et amener par suite une surchauffe avec une grande facilité. Des matières grasses peuvent se trouver introduites dans une chaudière par suite de plusieurs circonstances : l'une d'elles est l'emploi, pour l'alimentation, d'eau provenant d'un condenseur par mélange et pouvant apporter par conséquent avec elle, si on ne la dégraisse d'une manière efficace, une fraction de l'huile ayant servi à lubrifier la machine.

Parties de la chaudière les plus sujettes aux surchauffes ; nécessité des feux modérés.

Les différentes causes de surchauffe locale de la tôle sont naturellement surtout à craindre dans la partie de la surface de chauffe la plus fortement chauffée ou, comme on dit, à l'endroit du coup de feu. Elles ont d'ailleurs d'autant plus de chance de faire sentir énergiquement leurs effets, que le feu est poussé avec plus d'intensité. Ainsi, avec des feux très ardents, il peut suffire d'une légère accumulation de lamelles de tartre sur une tôle de coup de feu pour y produire une avarie.

S'agit-il d'une chaudière à petits éléments, un étranglement d'une communication entre deux parties de la chaudière peut, avec un feu trop poussé, gêner assez la circulation intérieure pour amener un manque d'eau local.

Pour ces raisons, sans compter d'autres encore, il est important de ne jamais faire de feux excessifs.

Danger des excès de pression.

Il est évident qu'une chaudière n'est capable de résister à la pression intérieure que jusqu'à une certaine valeur de cette pression. Si cette valeur venait à être dépassée, la chaudière ferait explosion, et cette explosion aurait toute raison d'être particulièrement violente. Jamais, sous aucun prétexte, la pression ne doit être poussée au-delà de la limite réglementaire marquée par le timbre, dont il est parlé au chapitre II. La loi a créé au chauffeur une obligation personnelle de ne pas faire fonctionner sa chaudière à une pression supérieure à la limite autorisée. Si la pression de marche ne peut jamais être supérieure au timbre, il peut au contraire en certains cas être utile de la régler à une valeur plus ou moins inférieure à ce maximum ; si un ordre en ce sens est donné au chauffeur par ses chefs, celui-ci doit naturellement s'y conformer avec soin.

Il est à peine besoin d'ajouter que jamais, au grand jamais, un chauffeur ne doit caler ni surcharger une soupape. Si cet appareil de sûreté laisse échapper de la vapeur, par défaut de rodage, à une pression inférieure à celle pour laquelle elle est réglée, il faut supporter cet inconvénient jusqu'à ce qu'on y remédie en rodant le clapet.

Observations pur l'entretien des chaudières.

Une chaudière ne peut naturellement résister sans danger d'explosion, à la pression intérieure, que si elle est en état convenable d'entretien. A cet égard, il y a un certain nombre de mesures et de précautions à prendre qui incombent au patron. Nous n'avons ici rien à en dire.

Cependant, relativement à l'entretien de la chaudière, le chauffeur a un double devoir.

C'est, d'une part, de surveiller très attentivement l'appareil confié à ses soins, et de signaler sans retard à ses chefs tout ce qu'il y remarque de défectueux ou simplement de suspect.

Cette surveillance doit s'exercer d'une manière continue sur les parties visibles au cours du fonctionnement de la chaudière ; elle doit d'autre part se traduire par des visites aussi attentives que possible, à l'intérieur comme à l'extérieur du générateur, quand l'occasion en est donnée au chauffeur, par exemple lors des nettoyages.

Une des raisons qui rendent nécessaire de faire les nettoyages soigneusement et complètement (en outre de la grande importance qui s'y attache pour le fonctionnement de l'appareil, ainsi que nous l'avons montré), c'est qu'après un nettoyage soigné l'on est à même d'examiner avec fruit l'état des tôles et des assemblages.

Dans cet examen, le chauffeur doit s'attacher à reconnaître notamment les cassures dans la région des rivures, soit allant d'un rivet au bord de la tôle, soit, ce qui est souvent plus grave, d'un rivet vers la pleine tôle ou de rivet à rivet ; les fissurations ou les sillons creux au voisinage des rivures ; les bosses de la tôle, les parties de métal brûlées, criquées ou pailleuses[11], les rivets mal assujettis, les entretoises cassées ; les corrosions, tant sur la face intérieure que sur la face extérieure des parois, les amincissements des tubes à fumée, etc.

Maintenant, l'autre devoir du chauffeur, inséparable du premier, c'est de ne pas s'exagérer les garanties de sécurité que peut donner un examen de la chaudière ainsi fait par lui seul, et de ne pas laisser ses chefs se méprendre à cet égard.

Outre qu'en général les examens que le chauffeur peut faire ne portent pas sur la totalité de l'appareil, il faut savoir qu'inspecter une chaudière, de manière à constater d'une façon sérieuse et efficace l'état de toutes ses parties afin de pouvoir dire si aucune de ces parties ne présente de signe de faiblesse, si aucune ne comporte de réparation ou de vérification complémentaire, ce n'est pas là une tache élémentaire ; cette tâche exige des connaissances et des capacités qui sortent du cadre des aptitudes professionnelles du chauffeur.

Il incombe au patron de faire faire à sa chaudière des visites complètes, tant intérieures, qu'extérieures, à des intervalles de temps suffisamment rapprochés, pour en constater l'état et assurer en temps utile les réparations et remplacements nécessaires ; il lui appartient pour cette mission, de s'adresser à quelqu'un de compétent.

Le chauffeur doit se garder de déplacer à son propre détriment les responsabilités, et de se porter garant de choses qu'il ne pourrait pas affirmer avec certitude. Autrement, il placerait l'usine où il travaille dans un état de fausse sécurité qui pourrait entraîner de graves dangers. C'est ici pour lui, une occasion de faire preuve de cette juste et honorable appréciation des limites de son aptitude, que nous lui avons recommandée au début de cette Introduction.

---

11 On appelle paille un dédoublement ou écaillement de la tôle.

Henri Mathieu

Qualités générales nécessaires au chauffeur.

D'une manière générale, dans l'exercice de sa profession, le chauffeur ne doit jamais perdre de vue que sa sécurité et celle d'autrui dépendent de sa conscience professionnelle, de sa régularité, de son sérieux dans le service et de son sentiment du devoir.

C. WALCKENAER

CHAPITRE I

COMBUSTION ET VAPORISATION

Combustion et Combustibles usuels.

Lorsqu'on fait brûler un combustible sur la grille d'un foyer de chaudière, la combustion donne deux sortes de produits[1] : des *gaz chauds* qui vont chauffer l'appareil, et des parties solides qui forment un *résidu* incapable de brûler, et dont la quantité plus ou moins grande dépend de la qualité du combustible. Ce résidu consiste en cendres, mâchefer, etc.

Mais pour que le combustible brûle, il faut qu'après avoir été allumé, il soit entretenu sur la grille en quantité convenable, et qu'en même temps un volume d'air approprié arrive entre les barreaux de grille et circule au travers de ce combustible, car l'air contient l'élément indispensable à toute combustion, c'est-à-dire l'oxygène.

Les combustibles ordinairement employés pour le chauffage des chaudières à vapeur sont la *houille*, les *briquettes* et le *coke* ; quelquefois le *bois* et certains *déchets végétaux.*

Houille. — Il existe un assez grand nombre de variétés de houille, ou charbon de terre, mais sans entrer dans le détail, elles se classent d'une manière générale en houilles grasses et en houilles maigres.

1 Voir l'Introduction, page iii.

Les houilles trop grasses ne conviennent pas au chauffage des chaudières, parce qu'elles s'agglomèrent trop sur la grille, collent sur les barreaux et s'opposent à la libre arrivée de l'air.

Les meilleures sont les houilles demi-grasses, dont la flamme est longue et qui donnent sur la grille un brasier suffisamment facile à gouverner. Quant aux houilles maigres, on ne peut avantageusement employer à cet usage que celles à longues flammes ; plus cassantes que les précédentes et ne s'agglomérant guère, elles ont l'inconvénient de laisser passer des petits morceaux de combustible non brûlés au travers des barreaux de grille, si ceux-ci ne sont pas très rapprochés.

Briquettes. — Les briquettes sont constituées par de la houille menue, que l'on a agglomérée en la comprimant fortement à chaud dans des moules, après y avoir mélangé une dose convenable de brai ou goudron pour servir d'agglutinant.

Pour être de bonne qualité, les agglomérés de houille ainsi obtenus doivent être suffisamment homogènes, durs, sonores sous le marteau et ne pas se ramollir dans le foyer.

Coke. — Le coke est le produit solide de la carbonisation de la houille à l'abri de l'air. Il ne brûle bien que sous une suffisante épaisseur et avec un tirage convenablement réglé. Sa combustion ne dégage presque pas de fumée sensible ; c'est une des raisons qui le font choisir comme combustible dans certains cas.

Autres combustibles. — Dans les localités où l'on dispose de bois en abondance, on s'en sert pour le chauffage des chaudières. Le bois donne une flamme longue, et laisse peu de cendres, mais en revanche produit plus de suie que la houille. Pour fournir une chaleur suffisante, il doit en général are brûlé sous une assez grande épaisseur, ce qui exige que la grille soit suffisamment distante des parois de la chaudière situées au-dessus d'elle.

On emploie dans certains établissements la *sciure de bois* ou divers autres *déchets végétaux*.

Pour l'emploi de ces derniers combustibles, dont l'usage n'est pas général comme celui de la houille, il importe que les foyers aient des dispositions convenablement appropriées, et que les chauffeurs soient mis au courant des quelques tours de main que leur utilisation peut nécessiter.

Dans les explications qui seront données, au chapitre V, sur la conduite des feux, on aura spécialement en vue l'emploi de la houille, à l'état naturel ou aggloméré : c'est en effet, de beaucoup, le combustible auquel les chauffeurs auront affaire le plus fréquemment.

Eau et vapeur d'eau.

Chacun sait que lorsqu'on chauffe de l'eau dans une marmite ouverte, elle entre en ébullition quand sa température atteint 100°, et se transforme en *vapeur*. Pendant tout le temps que l'ébullition dure, et qu'il y a par conséquent encore de l'eau dans le vase, celle-ci reste à même température, sans la dépasser : toute la chaleur fournie à l'eau par le chauffage de la marmite est employée a la faire passer de l'état liquide à l'état de vapeur, vapeur qui se répand librement au dehors, puisque le vase est ouvert, et qui a une *pression absolue* égale à celle de l'atmosphère[2].

Mais supposons que nous mettions sur la marmite un couvercle ayant un certain poids. Celui-ci empêche la vapeur qui se forme de s'échapper librement ; ainsi emprisonnée, elle s'accumule alors, en augmentant de pression, et en même temps la température d'ébullition s'élève[3] : pression et température vont augmenter ensemble, jusqu'à ce que la pression soit suffisante pour soulever le couvercle de la marmite.

Si le couvercle était invariablement fixé au vase, de manière à ne pas pouvoir se soulever, la pression irait continuellement en augmentant, et ne tarderait guère à atteindre une valeur pour laquelle les parois de l'appareil n'auraient plus la solidité suffisante : alors la marmite ferait explosion.

Mais supposons maintenant que celle-ci, ainsi close, soit munie à sa partie supérieure d'un tuyau pourvu d'un robinet, et par où l'on puisse lui soutirer de la vapeur ; et admettons que lorsque la pression, et la température de vapeur correspondante, ont atteint un certain degré, l'on ouvre le robinet, juste assez pour soutirer continuellement, à partir de cet instant, autant de vapeur qu'il s'en forme : alors la pression dans la marmite va cesser de croître, restera stationnaire, et le tuyau à robinet donnera un débit de vapeur sous pression.

---

2 Voir l'Introduction, page iii.

3 Ceci tient à ce que dans un appareil contenant à la fois de l'eau et de la vapeur, il y a correspondance entre la température de la vapeur et la pression.

Seulement, à mesure que nous allons ainsi soutirer de la vapeur à la partie supérieure de la marmite, et qu'à l'intérieur de celle-ci l'eau continuera par suite à se transformer en vapeur, son niveau va baisser. Le vase ne tardera donc pas à se trouver insuffisamment pourvu d'eau, et il sera en danger de subir une surchauffe de ses parois[4] et de faire explosion pour cette seule cause. D'ailleurs, de la sorte, on n'aurait pas un appareil capable de produire de la vapeur d'une manière continue.

Il faut donc, pour compléter le système, munir la marmite d'un organe qui permette d'y faire entrer de l'eau continuellement ou à de courts intervalles et en quantité équivalente à celle qui s'est vaporisée, afin d'y entretenir un niveau constant ou presque constant.

Ainsi complétée, cette marmite nous fournit une image rudimentaire, mais exacte, de la *Chaudière à vapeur*.

Il résulte de ce qui précède que la vapeur, continuellement puisée à la partie supérieure de la marmite, se trouve à une certaine pression que l'on peut faire telle ou telle à volonté, pourvu que ses parois soient assez solides. Introduite dans un cylindre muni d'un piston, cette vapeur, exerçant sa pression de toutes parts sur la chambre qui la contient maintenant, tendra à repousser le piston : c'est le principe fondamental de la *Machine à vapeur*.

Avant de passer à la description des chaudières, il convient de rappeler aux chauffeurs que la pression de la vapeur dans une chaudière, s'exerce non seulement sur les parois de la partie supérieure qui sont en contact avec elle, mais encore sur toutes les parois, aussi bien celles qui sont baignées par l'eau que les autres. Tout le contenu de la chaudière, eau et vapeur, est ainsi à une même pression.

Cette pression s'exprime soit en *kilogrammes*, soit en *atmosphères*.

Lorsqu'on compte en kilogrammes, ce sont des kilogrammes par *centimètre carré*. Le *kilogramme*, comme chacun le sait, vaut mille grammes ; c'est le poids d'un litre d'eau distillée à la température de 4 degrés centigrades.

L'atmosphère est la valeur de la pression moyenne exercée par l'air qui nous entoure sur la surface de tous les objets. Elle est égale à la pression d'une colonne d'eau de $10^{m},33$ de hauteur ou d'une colonne de mercure de $0^{m},76$; son équivalent en poids est $1^{k},033$ par *centimètre carré*.

Suivant qu'on veut parler de la *pression effective* ou de la *pression absolue* qui existe dans une chaudière, on a l'habitude (sauf indication contraire)

4 Voir l'Introduction, page x.

d'employer l'une ou l'autre de ces unités : quand on compte en *kilogrammes*, il s'agit de la *pression effective* ; quand, au contraire, on compte en *atmosphères*, c'est qu'on parle de la *pression absolue*.

La *pression effective* est égale à la pression absolue que la vapeur exerce à l'intérieur de la chaudière, diminuée de l'action atmosphérique qui s'exerce à l'extérieur ; elle exprime donc la fatigue réelle de l'appareil.

CHAPITRE II

CHAUDIÈRES A VAPEUR

Généralités.

On donne le nom de *chaudière à vapeur*, ou de *générateur de vapeur*, (ces deux expressions sont équivalentes), à un appareil contenant de l'eau et chauffé par un foyer, de manière à produire de la vapeur sous pression.

Les chaudières sont généralement construites en *tôle de fer*, quelquefois en tôle de cuivre ou d'acier. Assez fréquemment elles sont en tôle de fer pour la plupart de leurs parois, mais ont certaines parties faites d'un métal différent. Ainsi l'on emploie souvent le cuivre pour les foyers intérieurs des chaudières du type *locomotive*, et le laiton pour les tubes à fumée. Les têtes de bouilleurs, les sommets de dôme sont assez souvent des pièces en fonte de fer, bien qu'il vaille mieux les faire en tôle emboutie ; dans certains types de chaudières, que nous apprendrons à connaître sous le nom de chaudières à petits éléments, on trouve des collecteurs et des boîtes de raccordement, qui sont souvent en fer forgé ou en moulage d'acier.

Les divers organes des chaudières ont autant que possible la forme de cylindres pressés par l'intérieur : cette forme étant parmi toutes celles qu'il est pratique de réaliser, celle qui offre le plus de résistance. Quand elles présentent des parois planes, il faut que celles-ci soient consolidées par des armatures ou des entretoises suffisamment rapprochées, sans quoi elles se bomberaient et se déformeraient sous la pression.

Les tôles ou feuilles de métal, dont on se sert dans la construction des chaudières, sont le plus souvent assemblées les unes aux autres au moyen de rivets[5]. Tantôt les deux tôles assemblées se recouvrent sur leurs bords, comme dans la figure 1 : c'est l'*assemblage à recouvrement* ; tantôt elles sont placées bord à bord et réunies par une bande de tôle formant *couvre-joint (assemblages à francs-bords)*, (fig. 2). Dans tous les cas l'adhérence soit des deux tôles ensemble, soit de chacune des tôles avec le couvre-joint, est obtenue au moyen

Fig. 1

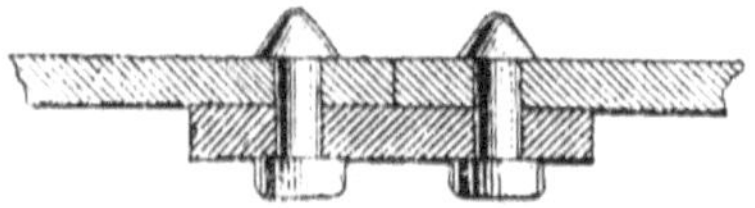

Fig. 2

d'une ou plusieurs lignes de rivets, qui ont été posés à chaud par le constructeur, et qui, grâce à la contraction qu'ils ont éprouvée en se refroidissant, appliquent fortement l'une contre l'autre les deux feuilles de métal qu'ils traversent.

Une chaudière à vapeur doit contenir toujours de l'eau jusqu'à une hauteur suffisante[6], mais elle ne doit jamais être pleine, ni même avoir un niveau excessif, sans quoi il y aurait des entraînements d'eau avec la vapeur dans la conduite de vapeur[7]. La chaudière doit donc contenir de l'eau jusqu'à une hauteur convenable ; au-dessus, elle renferme de la vapeur.

On appelle quelquefois *chambre à eau* la partie du générateur qui contient l'eau, et *chambre à vapeur* la partie qui contient la vapeur ; mais il faut bien comprendre qu'il ne s'agit pas là de deux chambres séparées et distinctes ; c'est simplement comme si on disait : la partie de la chaudière qui contient l'eau ; la partie de la chaudière qui est au-dessus du niveau de l'eau, et qui contient de la vapeur.

5 Les rivets sont de petites tiges munies d'une tête, qu'on enfile à chaud dans les trous des tôles à assembler, et qu'on bat ensuite sur eux-mêmes, du côté de la tige, de façon à former une seconde tête ou fausse tête.

6 Ainsi qu'on l'a expliqué dans l'Introduction, page x.

7 Il pourrait même y avoir de dangereuses trombes d'eau sortant par les soupapes de sûreté.

Ce sont exclusivement les parois de la chambre à eau qui peuvent être léchées par les flammes et les gaz chauds provenant du foyer, qui font partie de la *surface de chauffe*, à part quelques exceptions de nature spéciale[8].

Toute chaudière porte une ou plusieurs médailles de timbre, sur lesquelles est inscrit en gros le chiffre de la pression qui ne doit jamais être dépassée au cours du fonctionnement.

Ces médailles sont frappées, à l'endroit des rivets ou prisonniers qui les fixent au générateur, des empreintes d'un poinçon de l'État représentant une tête de cheval quand il y a lieu à poinçonnage ; celui-ci est apposé par le service des Mines à la suite des épreuves hydrauliques réglementaires[9].

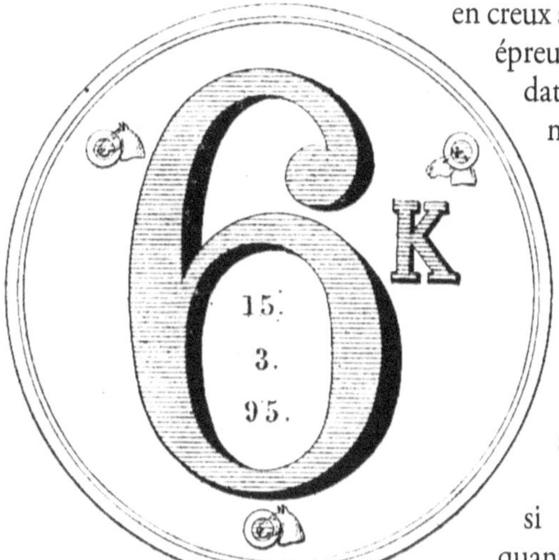

Fig. 3

On est également dans l'usage de frapper en creux sur la médaille, lors de chaque épreuve, trois nombres donnant la date de l'opération (quantième, mois et année). Ainsi la chaudière dont la médaille de timbre est représentée par la figure 3 a été timbrée à 6^k le 15 mars 1895[10].

Dans l'emploi de cette chaudière, il est interdit par la Loi de la faire fonctionner à une pression de plus de 6^k.

Pour savoir à tout instant si la chaudière contient une quantité d'eau convenable, le chauffeur doit avoir toujours à sa disposition au moins deux appareils indicateurs du niveau de l'eau ; pour se rendre compte de la pression, il dispose d'un manomètre, et peut en outre recevoir des indications utiles du jeu des soupapes dont toute chaudière est pourvue. Ces appareils de sûreté, ainsi que quelques autres, seront décrits au cours de

---

8 Ainsi qu'il a été, dit dans l'Introduction, pages vii et xii.

9 Ces épreuves, qui doivent être renouvelées périodiquement, se font dans les conditions qui seront indiquées au chapitre XII.

10 Le chauffeur doit toujours avoir soin de tenir sa ou ses médailles de timbre suffisamment propres, pour que la date d'épreuve, qui s'y trouve poinçonnée, soit visible.

ce livre ; mais il faut d'abord prendre une connaissance plus exacte de ce que sont les chaudières à vapeur, en étudiant sommairement les dispositions des types les plus répandus.

Description des chaudières.

Les chaudières peuvent avoir des formes très variées. Pour les faire connaître dans leurs dispositions générales les plus usitées, je les classerai en quatre principaux groupes, savoir : *les chaudières à grand corps et à foyer extérieur ; les chaudières à foyer intérieur horizontales ; les chaudières à foyer intérieur verticales;* enfin, *les chaudières à petits éléments.*

Sous le rapport de leurs conditions d'emploi, on peut diviser les chaudières en chaudières fixes ou installées à demeure ; chaudières locomobiles qui peuvent être transportées facilement d'un point à un autre, et ne sont employées que d'une manière temporaire à chaque station ; enfin chaudières locomotives qui travaillent en se déplaçant par l'effet de leur propre énergie.

Mais, quelles que soient leurs conditions d'emploi, c'est surtout en considérant leurs formes et leurs dispositions que nous apprendrons utilement à les connaître.

1er GROUPE

Chaudières à grands corps et à foyer extérieur.

Chaudière horizontale et à bouilleurs. — Cette chaudière (fig. 4-5) se compose d'un corps principal ou *corps cylindrique* A, relié à un, deux ou quelquefois trois pièces cylindriques B de moindre diamètre, situées au-dessous et appelées *bouilleurs.* Le corps cylindrique est relié aux bouilleurs par des tubulures C désignées sous le nom de *cuissards*, *culottes* ou *communications*[11]

Les bouilleurs sont généralement disposés de telle sorte qu'ils dépassent le corps principal à l'avant, et viennent se terminer hors du fourneau par un trou d'homme destiné au nettoyage. A l'arrière, tantôt les bouilleurs s'avancent aussi loin que le corps cylindrique, comme c'est le cas de la figure 5, tantôt ils

11 Il est important que ces communications soient toujours suffisamment larges.

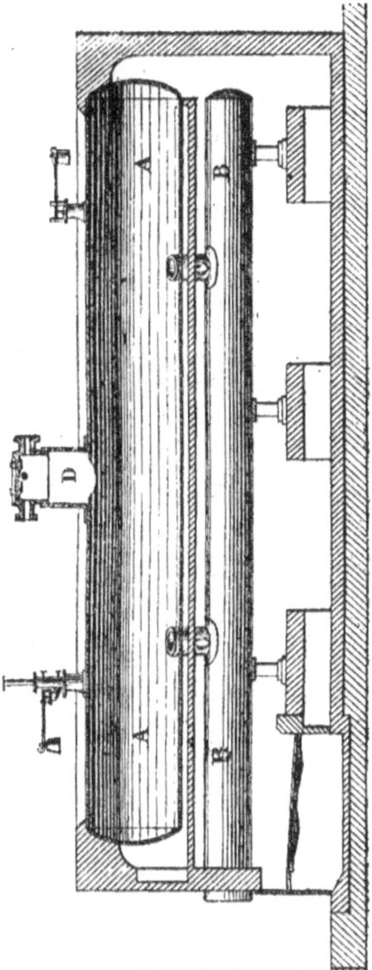

Fig. 5

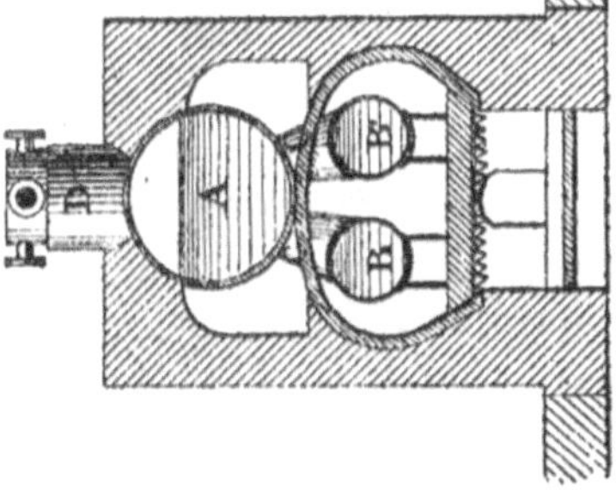

Fig. 4

se terminent plus tôt que lui, quelquefois encore ils vont jusqu'au parement arrière du fourneau (fig . 10).

Généralement, le corps principal est surmonté d'un dôme D, ou *réservoir de vapeur*, du sommet duquel part le *tuyau de prise de vapeur*. Quelquefois il porte à l'avant un appendice, sur lequel est monté le tube en verre indicateur du niveau de l'eau.

J'ai dit que chacun des bouilleurs se termine à l'avant par un trou d'homme. Il y en a aussi au moins un autre placé soit sur le corps cylindrique soit sur le dôme. Ces trous d'homme sont des ouvertures ovales, par où passent les ouvriers chargés des nettoyages ; elles sont fermées par des tampons autoclaves, c'est-à-dire par des tampons que l'on met en place en les introduisant en dedans du trou d'homme et eu les ramenant contre leur siège intérieur ; on les maintient dans cette position au moyen de traverses et d'écrous extérieurs. Étant ainsi disposés, ces tampons tendent, par l'action de la pression, à s'appliquer fortement sur leur siège et non à s'en arracher ; c'est ce qui fait la sécurité de ce mode de fermeture.

L'eau d'alimentation s'introduit souvent dans ces chaudières, par des fourches d'alimentation F (fig. 9-10), sortes de tuyaux en forme d'Y renversé, dont les branches aboutissent dans les bouilleurs en passant par les cuissards[12].

Comme on le voit sur les dessins, la chaudière est bloquée dans un fourneau de maçonnerie, dont je parlerai plus loin ; elle est supportée par des pièces en fonte *k* appelées chandeliers. En outre du soutien fourni par ces organes, les chaudières de ce type ont souvent leur corps cylindrique maintenu par des pièces métalliques latérales appelées oreilles qui sont prises dans la maçonnerie du fourneau. Ce sont les parois situées dans le foyer ainsi que dans les carneaux ou conduits de fumée latéraux, qui constituent la surface de chauffe pour une chaudière de cette forme ; son étendue dépend donc en partie des dispositions du fourneau. Le niveau minimum réglementaire se trouve à 6 centimètres au-dessus du ciel des carneaux du corps cylindrique.

Chaudière semi-tubulaire

Cette chaudière ne diffère de la précédente, que parce que son corps principal est traversé par un faisceau de tubes à fumée, que les gaz parcourent de bout en bout, après qu'ils ont déjà effectué un ou plusieurs parcours

12 Il est essentiel que ces fourches ne soient jamais bouchées ni étranglées par les dépôts.

au contact des parois extérieures de la chaudière. Sa surface de chauffe est donc celle d'une chaudière à bouilleurs, dépendant comme je l'ai déjà dit des dispositions du fourneau, augmentée de la surface totale des tubes à fumée intérieurs.

Dans une pareille chaudière, le niveau minimum de l'eau est toujours au moins à 6 centimètres au-dessus de la rangée supérieure des tubes à fumée. Il est même plus élevé, dans le cas où les carneaux extérieurs s'élèvent le long du corps cylindrique plus liant que cette rangée des tubes.

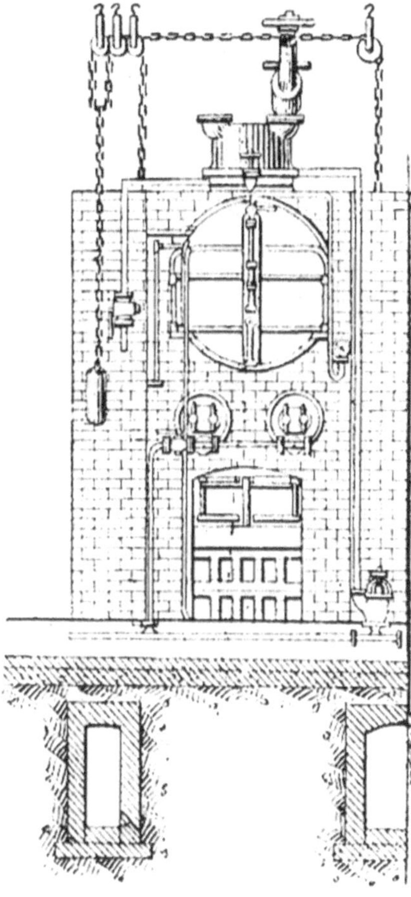

Fig. 6

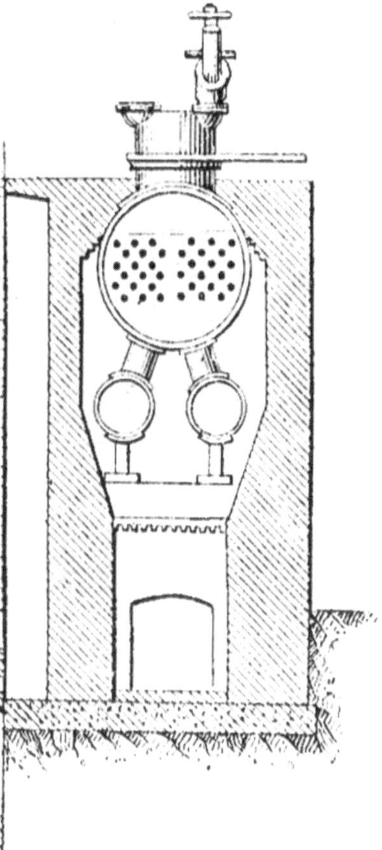

Fig. 7

Réchauffeurs. — Fréquemment les chaudières reçoivent l'eau d'alimentation déjà plus ou moins chaude, parce qu'avant de leur arriver, elle a passé par des *bouilleurs réchauffeurs.* Sur la figure 8, A représente une chaudière et B, B' sont deux bouilleurs réchauffeurs placés sur le côté, ou, comme on dit, deux *réchauffeurs latéraux.* Ces organes sont installés dans des carneaux où les gaz encore chauds, mais déjà partiellement refroidis, qui ont servi à chauffer la chaudière, passent en dernier lieu avant de se rendre à la cheminée.

Quant à l'eau d'alimentation, elle suit pour ainsi dire le trajet inverse. Elle est introduite d'abord dans le réchauffeur B' que les gaz lèchent le dernier, de là elle passe dans le réchauffeur B un peu plus fortement chauffé, parce qu'il

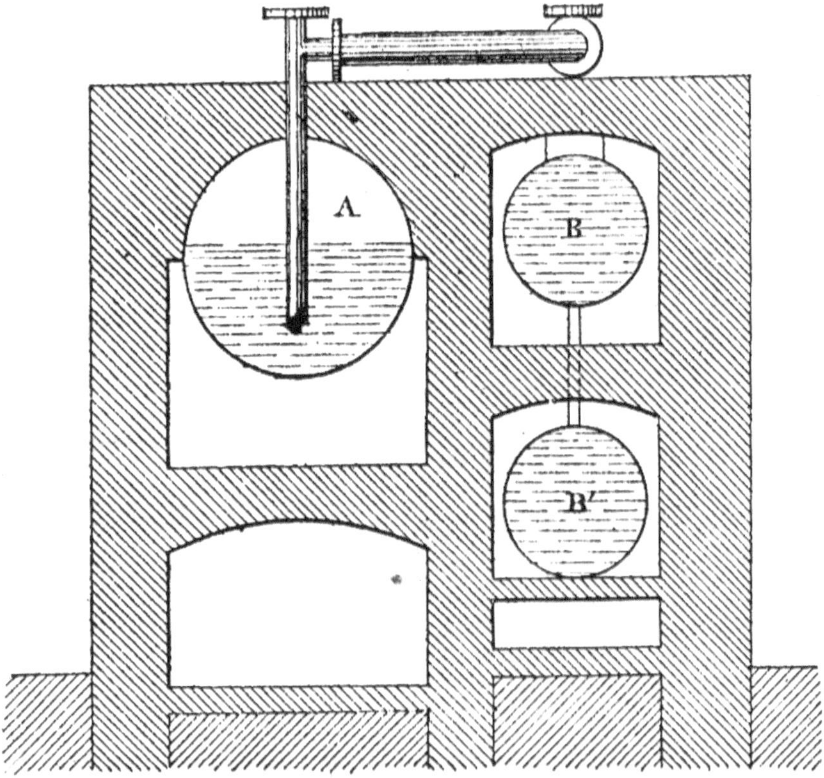

Fig. 8

est léché par les gaz avant l'autre ; et ainsi de suite, s'il y avait eu plus de deux bouilleurs réchauffeurs. De la sorte l'eau s'échauffe graduellement, et finalement elle est introduite dans la chaudière A, ayant déjà une température assez élevée.

Il faut toujours veiller avec soin à ce qu'il y ait libre communication entre les réchauffeurs et le générateur qu'ils alimentent ; car si la communication est interceptée, d'une part la chaudière ne s'alimente pas, d'autre part, quand le jeu d'une pompe alimentaire continue à refouler de l'eau dans les réchauffeurs, celle-ci s'y accumulant sans avoir d'issue, y produit une pression hydraulique croissante qui peut les faire éclater, ainsi que cela est plusieurs fois arrivé. C'est surtout lorsqu'un même réchauffeur, ou un même système de bouilleurs réchauffeurs, alimente à volonté plusieurs chaudières, que le chauffeur doit faire la plus grande attention, dans la manoeuvre des robinets, afin de ne jamais donner prise à ce danger.

Il est encore utile de signaler que les réchauffeurs, surtout ceux qui sont léchés par les gaz les moins chauds, sont plus sujets que les bouilleurs ordinaires à s'altérer par corrosions extérieures ; les gaz de la combustion, une fois en partie refroidis, sont en effet capables de déposer sur les tôles de l'humidité acide qui corrode le fer.

Il y a donc lieu de surveiller particulièrement les réchauffeurs à ce point de vue.

Fourneaux. — Les fourneaux des chaudières à foyer extérieur peuvent être disposés de différentes manières ; je décrirai celle qui est de beaucoup la plus usitée, et qui est représentée par les figures 9 et 10.

Dans ce système, le fourneau comprend deux parties principales :

1. Le foyer dans lequel s'opère la combustion, et qui est vu par la surface de chauffe directe ;
2. Les carneaux, ou conduits par lesquels les gaz circulent en léchant la surface de chauffe indirecte de la chaudière et, s'il y a lieu, les réchauffeurs.

En quittant le dernier carneau, les gaz, dépouillés d'une suffisante partie de leur chaleur, sont emmenés par un conduit de fumées à la base de la cheminée, par où ils s'échappent dans l'atmosphère.

La hauteur qu'on donne aux cheminées à un double objet : reporter le déversement des gaz dans l'atmosphère aussi haut que possible, en vue de la

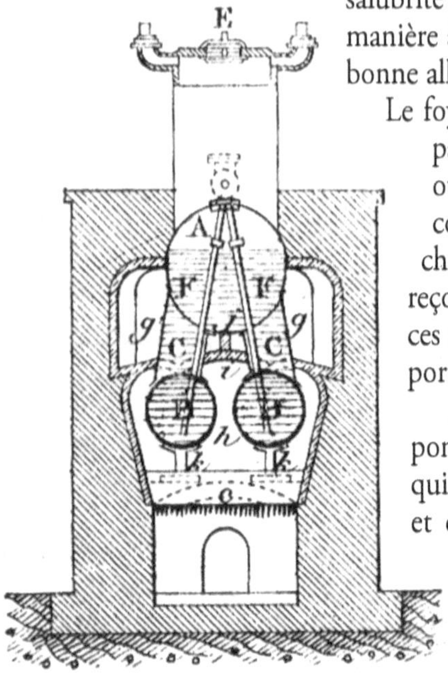

Fig. 9

salubrité du voisinage ; faire appel d'air, de manière à produire le tirage nécessaire à une bonne allure de la combustion

Le foyer est divisé par la grille *c* en deux parties : la chambre supérieure *a* ou chambre de combustion, qui communique avec les carneaux ; la chambre inférieure *b* ou cendrier, qui reçoit les résidus solides incombustibles; ces deux chambres sont fermées par les portes *e* et *f*.

A l'arrière de la grille se trouve le pont ou autel *d*, saillie de maçonnerie qui a pour but de brasser la flamme, et d'empêcher les fragments de combustible de s'engager dans les carneaux ou conduits de fumée.

Ces conduits comprennent un carneau inférieur *h*, dans lequel les bouilleurs sont pour ainsi dire plongés, et deux carneaux supérieurs *g*, *g'*, qui règnent l'un à droite, l'autre à gauche le long du corps principal de la chaudière. Il faut, bien entendu, que ces derniers carneaux s'arrêtent assez bas le long de cet organe pour que le niveau de l'eau qui doit s'y trouver puisse être toujours maintenu au moins à 0^{m},06 au-dessus de leur sommet. Assez souvent, en vue de cette condition, les carneaux supérieurs s'élèvent à peu près à mi-hauteur du corps cylindrique.

Le carneau inférieur est séparé des carneaux supérieurs par une cloison *i* appelée paillasse ; les carneaux supérieurs sont séparés l'un de l'autre par une murette *j*, située entre la paillasse et le dessous du corps principal de chaudière.

Les gaz, à leur sortie du foyer, parcourent d'abord d'avant en arrière le carneau inférieur *h* ; de là ils s'élèvent dans le carneau supérieur de droite *g*, le parcourent d'arrière en avant, puis ils passent, en avant du corps cylindrique, du carneau de droite dans le carneau de gauche *g'* ; ils le parcourent d'avant en arrière, et enfin arrivent dans le conduit de fumée qui les emmène à la cheminée.

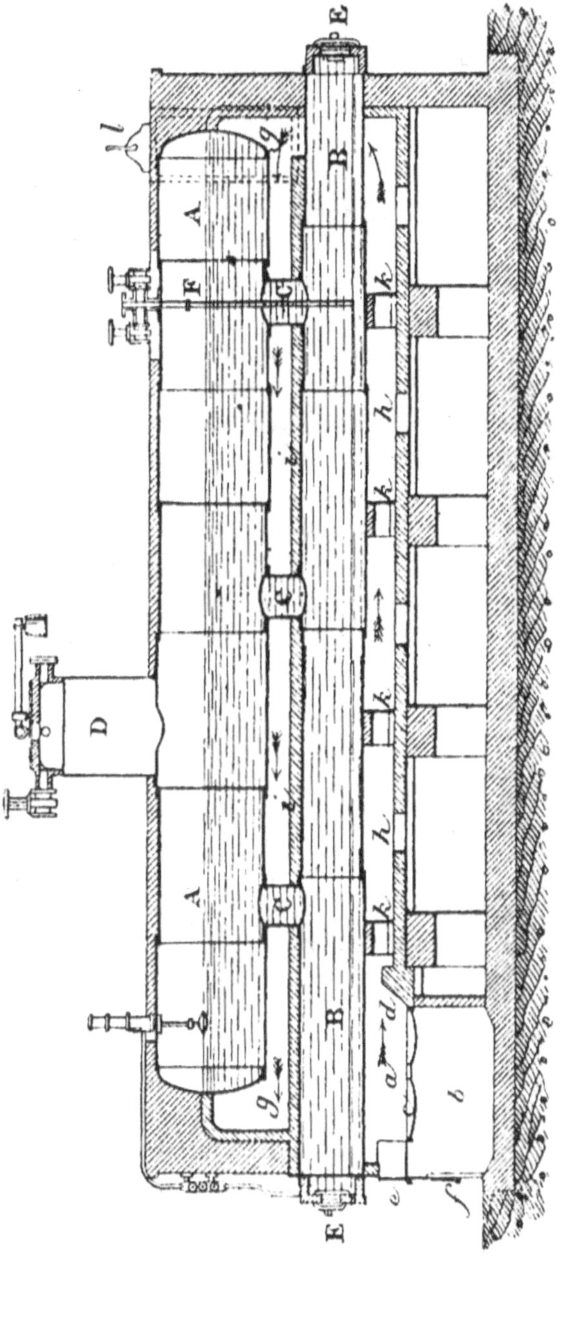

Fig. 10

Toutefois, sur ce dernier trajet, est interposé un registre *l*, que l'on peut manoeuvrer à volonté, de manière à fermer, ou ouvrir plus ou moins, la communication entre les carneaux et la cheminée : on a ainsi un moyen de régler le tirage.

2e GROUPE

Chaudières à foyer intérieur horizontales.

Chaudière horizontale tubulaire à flammes directes. — Ce type de chaudière, qui est représenté ci-contre par une chaudière de locomobile (fig. 11-12), est celui auquel appartiennent les chaudières de locomotives. On l'appelle quelquefois pour cette raison, le *type locomotive.* Une pareille chaudière est à chauffage exclusivement intérieur ; par conséquent, le corps extérieur du générateur, ou comme on dit souvent, *l'enveloppe*, n'est nullement chauffé ; seulement, à l'intérieur de celle-ci, il y a une sorte de boîte rectangulaire A, formant *foyer intérieur*, ou *boîte à feu*, et un faisceau de *tubes à fumée* horizontaux partant du foyer, et allant à l'extrémité opposée de la chaudière, pour aboutir hors de celle-ci dans une boîte à fumée E. Il faut bien comprendre que ce foyer intérieur A, et les tubes à fumée qui font suite, sont entièrement plongés dans l'eau de la chaudière. Ce sont leurs parois qui constituent la surface de chauffe.

Le contenu de la chaudière, eau et vapeur, est renfermé dans l'espace compris entre le corps de chaudière extérieur, ou enveloppe, et cette sorte d'appareil de chauffage intérieur, constitué par le foyer et les tubes. La pression qui règne dans la chaudière s'exerce sur les parois de l'enveloppe dans un sens tel qu'elle tend à la faire éclater vers l'extérieur ; elle agit sur les parois du foyer intérieur et des tubes à fumée dans un sens tel qu'elle tend à les écraser sur eux-mêmes.

Le niveau de l'eau dans les chaudières, devant toujours être au-dessus des parties chauffées, doit par conséquent être au-dessus de la partie supérieure du foyer, ou ciel du foyer, ainsi que de la rangée supérieure des tubes. Quand la locomobile est sur un sol horizontal, le ciel (lu foyer est plus élevé que les tubes les plus hauts : c'est donc, dans ce cas habituel, par rapport à cette partie du foyer, qu'il y a lieu de régler la position minimum de l'eau.

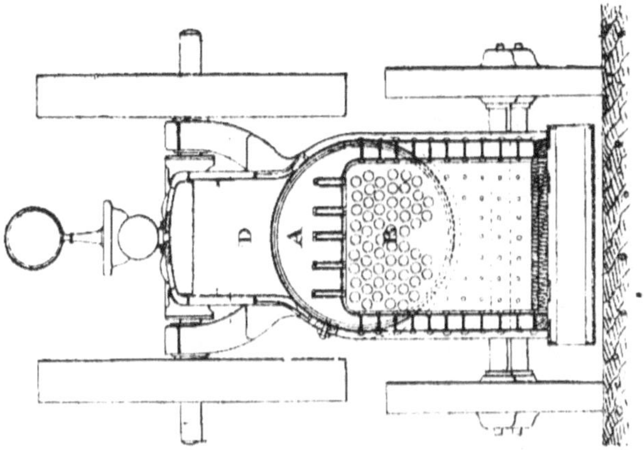

Fig. 12

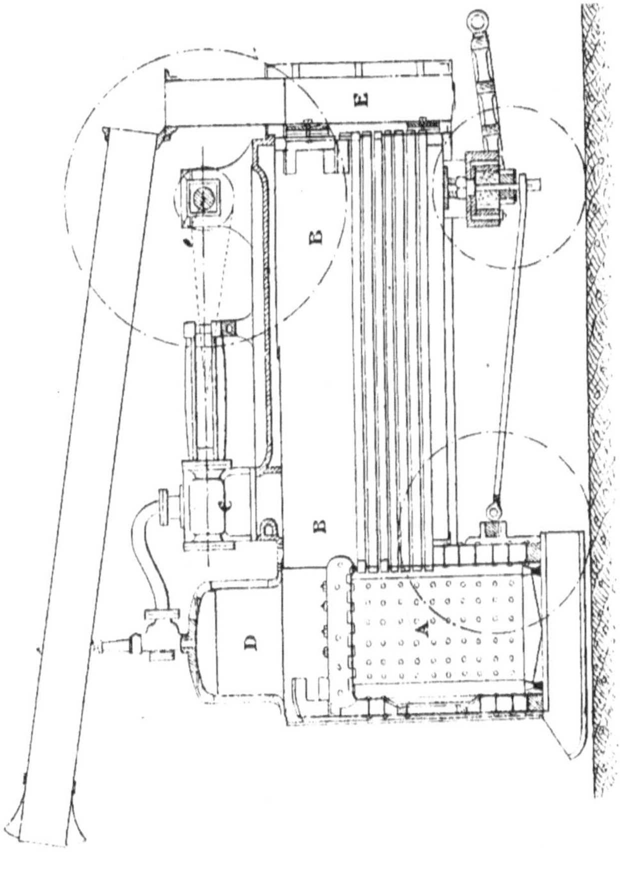

Fig 11

La surface de chauffe se compose des parois du foyer (surface de chauffe directe), et de la totalité de la surface des tubes à fumée (surface de chauffe indirecte).

Dans une pareille chaudière, le foyer rectangulaire n'est pas toujours en fer ; souvent il est construit soit en cuivre, soit en acier. Dire qu'il est de forme rectangulaire, c'est dire qu'il est à faces planes ; or j'ai déjà fait remarquer (page 7) que des tôles planes ne sauraient résister à la pression, si elles ne sont consolidées par des pièces additionnelles. Effectivement, les parois d'un foyer rectangulaire sont consolidées par les procédés suivants :

Pour les faire comprendre, expliquons d'abord que ce que j'ai appelé le corps extérieur de chaudière ou enveloppe, se compose en réalité de deux parties, qui reproduisent jusqu'à un certain point, les formes du système de chauffage intérieur. Pour la partie correspondant au faisceau des tubes à fumée, l'enveloppe est un corps cylindrique horizontal BU; mais, pour la partie correspondant au foyer, l'enveloppe a des faces verticales planes parallèles à celles du foyer lui-même ; elle est surmontée d'un réservoir cylindrique D qui porte la prise de vapeur de la machine. Chaque face plane verticale de l'enveloppe du foyer, est placée en regard et à petite distance de la face plane verticale correspondante de la boîte à feu ; ces deux faces parallèles comprennent entre elles une lame d'eau, et voici comment ni l'une ni l'autre ne se déforme sous la pression que cette eau exerce sur elles : ces deux faces sont reliées l'une à l'autre par un réseau d'entretoises[13] rapprochées.

Le plus souvent, ce mode de consolidation ne s'applique pas au ciel du foyer ; la partie supérieure de son enveloppe a en général la forme d'un berceau demi-cylindrique, forme stable par elle-même sous l'action de la pression intérieure ; quant au ciel de la boîte à feu, il est alors raidi et soutenu par des fermes ou sommiers placés sur lui, et auxquels il est relié par une série de boulons.

Les tubes à fumée, qui sont tantôt en laiton, tantôt en fer, sont fixés à leurs extrémités dans deux plaques tubulaires : l'une d'elles fait partie de la face verticale arrière du foyer ; l'autre ferme la chaudière vers l'extrémité qui est contiguë à la boîte à fumée.

L'assemblage des tubes à fumée dans les plaques tubulaires est fait le plus souvent au moyen d'un mandrinage. Quelquefois, lorsqu'il s'agit de tubes en laiton, on les bague pour obtenir plus sûrement l'étanchéité, c'est-à-dire qu'on les double intérieurement au droit des emmanchements, par des bagues en acier, qui les tiennent serrés contre les trous des plaques tubulaires.

13 Les entretoises sont des tiges (de longueur un peu supérieure à l'intervalle des deux tôles à relier), qui sont filetées à leurs deux bouts, que l'on pose à froid, et dont on mate les extrémités en forme de têtes.

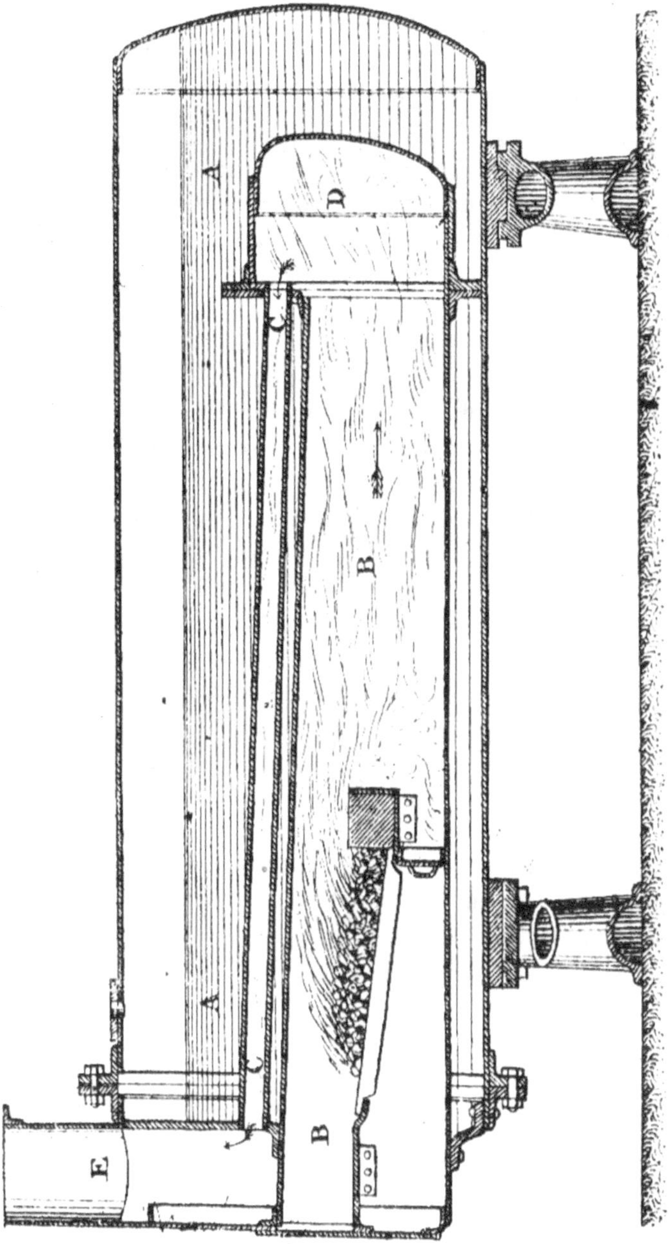

Fig. 13

Chaudière horizontale tubulaire à retour de flammes. — La chaudière de ce système que représente la figure 13 est du type dit *Thomas-Laurens*, à foyer et faisceau tubulaire amovibles.

Elle se compose d'un corps cylindrique A appelé calandre, dans lequel se trouve un système de chauffage formé d'un foyer intérieur cylindrique (ou légèrement tronconique) B, d'une boîte à feu d'arrière ou panse D, et d'une série de tubes à fumée tels que C. Les tubes, partant de la panse D, font retour vers l'avant et se terminent dans une plaque tubulaire qui ferme la chaudière de ce côté ; ils aboutissent ainsi dans une boîte à fumée E placée en avant de la chaudière, et d'où part la cheminée.

L'ensemble du foyer, de la panse et des tubes, avec la plaque tubulaire d'avant, dans laquelle ceux-ci se terminent, forme un système amovible, c'est-à-dire qui peut être retiré tout entier de la calandre, lorsqu'on a défait le grand joint circulaire boulonné, par lequel ces deux parties de la chaudière sont normalement reliées l'une à l'autre.

Cette amovibilité du système de chauffage intérieur, donne des facilités toutes spéciales pour visiter et nettoyer le générateur de la manière la plus complète et la plus aisée.

Les flammes et les gaz chauds, produits sur la grille, circulent d'avant en arrière dans le foyer intérieur, se brassent dans la panse, et font retour d'arrière en avant par les tubes, pour s'évacuer enfin dans la boîte à fumée, et de là dans la cheminée. La surface de chauffe se compose des parois du foyer intérieur, de la panse et des tubes.

La position du niveau minimum de l'eau se détermine par rapport à la partie la plus élevée de cette surface de chauffe : c'est le sommet de la panse quand les tubes à fumée sont horizontaux ; s'ils sont inclinés, comme l'indique la figure, ce peut être, suivant les cas, soit encore le sommet de la panse, soit l'extrémité avant de la rangée supérieure des tubes.

3e GROUPE

Chaudières à foyer intérieur verticales.

Chaudière verticale à bouilleurs croisés. — La chaudière de ce type ou chaudière *Hermann-Lachapelle* (fig. 14), se compose d'un corps cylindrique vertical X ou enveloppe, dans lequel se trouve un foyer intérieur Y traversé par

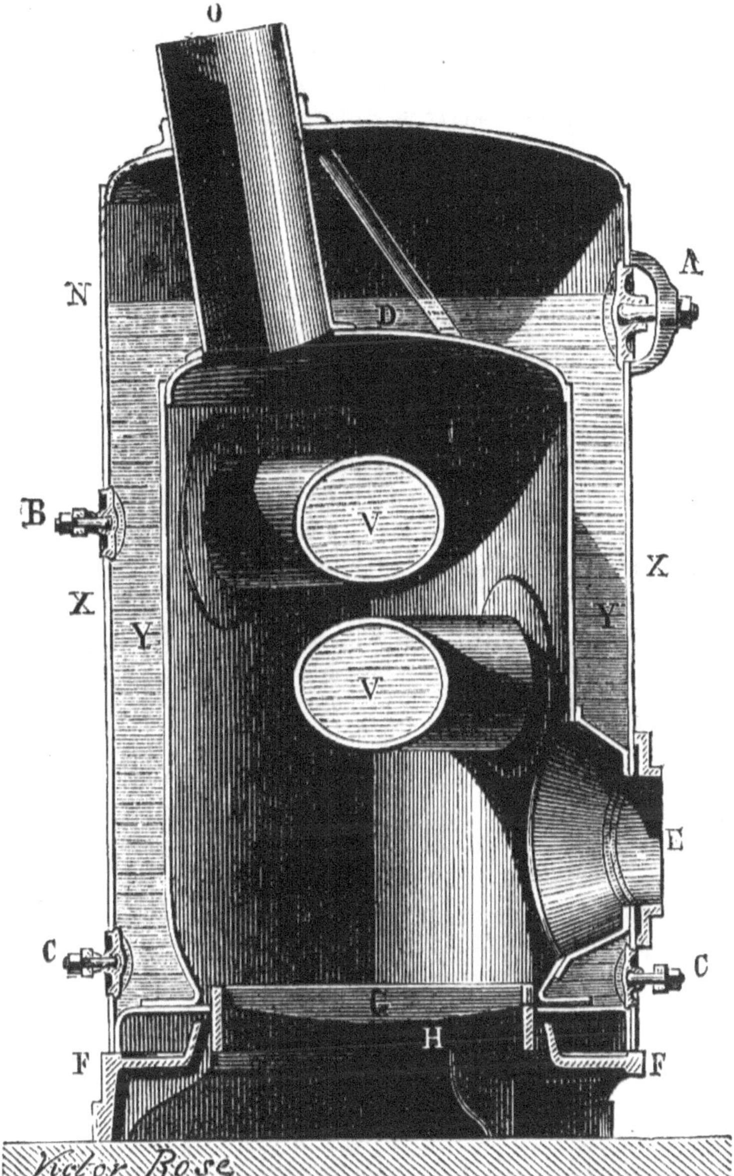

Fig. 14

des bouilleurs pleins d'eau V, V (que l'on voit en coupe) ; une cheminée O relie le ciel D du foyer à la partie supérieure de l'enveloppe, et des autoclaves A, B, C pratiqués dans celle-ci permettent les nettoyages. Le tout repose sur un socle F qui sert d'assise à la chaudière et forme le cendrier H.

La surface de chauffe de ces générateurs se compose des parois du foyer et de la surface des bouilleurs transversaux. Le niveau minimum de l'eau est à $0^m,06$ au-dessus de la partie la plus élevée du ciel du foyer.

Chaudière Field ou à tubes bouilleurs pendentifs. — Cette chaudière (fig.15) se compose d'un corps cylindrique vertical ou enveloppe, dans l'intérieur duquel se trouve un foyer, terminé à sa partie supérieure par un fond plat où sont pratiqués, en nombre plus ou moins grand, des trous légèrement coniques. Ce fond plat est donc à la fois plaque tubulaire et ciel de foyer.

Dans ces trous sont emmanchés des *tubes-bouilleurs* fermés à leur extrémité inférieure, ouverts en haut, et qui pendent dans le foyer. La disposition caractéristique de ces tubes consiste dans la présence, à leur intérieur, d'un autre petit tube ouvert à ses deux bouts, qui est placé de telle sorte, que son extrémité inférieure ne touche pas le fond du gros tube, tandis que son extrémité supérieure dépasse légèrement, vers le haut, la plaque tubulaire.

Lorsque la chaleur agit sur les tubes pendentifs et échauffe l'eau contenue entre ces tubes et les petits tubes intérieurs, cette eau diminuant de densité s'élève, pendant que l'eau moins chaude venant du corps de la chaudière descend par les petits tubes centraux, et prend la place de celle qui monte.

On obtient ainsi une circulation de l'eau qui, outre qu'elle favorise la vaporisation, empêche l'accumulation des dépôts au bas des tubes pendentifs.

La surface de chauffe de cette chaudière, tout entière directe, se compose des parois du foyer et de la surface totale des tubes bouilleurs. Le niveau minimum de l'eau est $0^m,06$ au-dessus de la plaque tubulaire.

4e GROUPE

Chaudières à petits éléments.

Les chaudières à *petits éléments*, appelées souvent aussi chaudières. *multitubulaires*, se composent essentiellement d'un faisceau de *tubes bouilleurs* légèrement obliques, contenant de l'eau et chauffés par un foyer extérieur. La

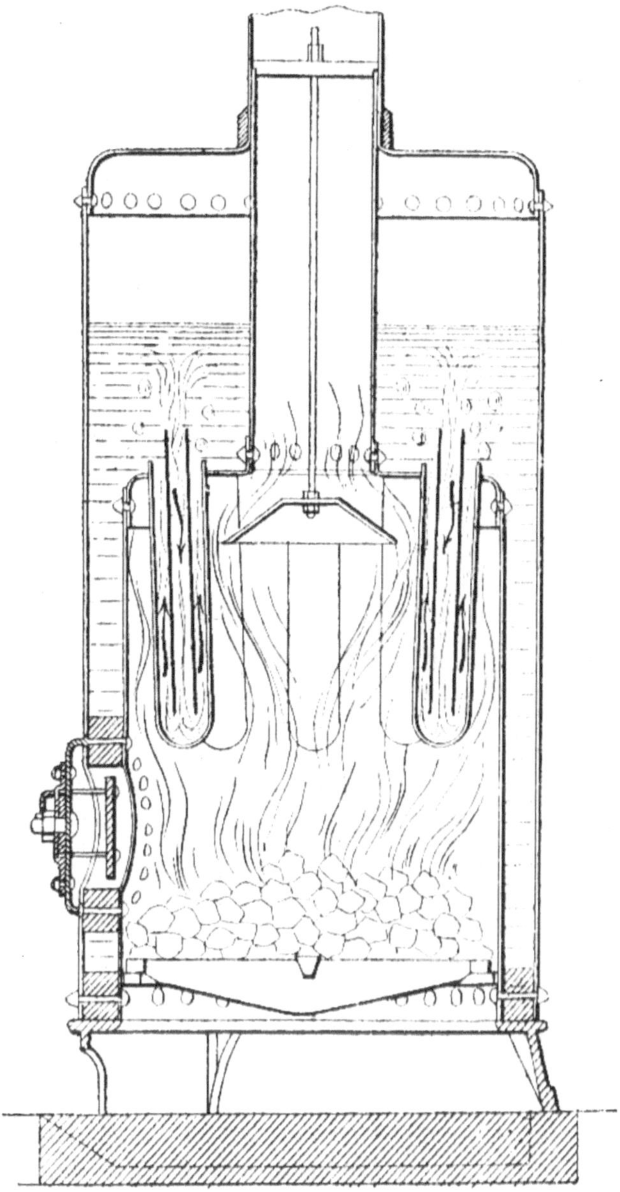

Fig. 15

vapeur formée dans ces tubes gagne la partie supérieure du générateur, où elle se rassemble dans un réservoir de plus ou moins grande capacité. Il faut que les dispositions de l'appareil assurent un renouvellement constant de l'eau dans les tubes bouilleurs au fur et à mesure des besoins.

Dans la majorité des systèmes, le niveau de l'eau dans le générateur, se trouve à peu près à mi-hauteur du réservoir supérieur, et par conséquent le faisceau des tubes bouilleurs est entièrement rempli d'eau ; toutefois, il n'en est pas ainsi dans la chaudière Belleville, qui offre des conditions de fonctionnement toutes spéciales.

Chaudière Belleville. — Les figures 16 et 17 représentent une chaudière *Belleville* en élévation, (les grandes portes de devanture étant supposées enlevées), et en coupe longitudinale.

Cette chaudière se compose :

1. D'un certain nombre d'*éléments vaporisateurs* A, identiques entre eux et rangés côte à côte. Chaque élément vaporisateur est un serpentin formé d'une série de *tubes bouilleurs* qui se font suite les uns aux autres : le 1er tube, à partir du bas, va de l'avant vers l'arrière en s'élevant légèrement ; celui qui lui fait suite va en s'élevant de l'arrière vers l'avant ; puis il est suivi d'un troisième qui s'élève de l'avant vers l'arrière ; et ainsi de suite jusqu'au sommet de l'élément. Tous les tubes de rang pair, qui s'élèvent de l'arrière vers l'avant, sont placés à gauche des tubes de rang impair qui s'élèvent de l'avant vers l'arrière, de sorte que l'ensemble des tubes d'un même élément ou serpentin se trouve rangé sur deux files verticales. Les tubes sont reliés de l'un au suivant par des *boîtes de raccordement* simples *a* ou jumelles *b*, dans lesquelles leurs extrémités sont vissées ; les boîtes d'avant portent, en regard de chaque tube, un trou de nettoyage ou *trou de poing* fermé par un bouchon *c*, qu'un boulon à ancre et un écrou retiennent en place ;
2. D'un *collecteur* C, à section rectangulaire, disposé transversalement au bas de la série des éléments, cet organe se trouve situé au-dessus de la porte *k* du foyer U et communique par une tubulure avec chacun des éléments vaporisateurs ;
3. D'un réservoir supérieur ou *épurateur* D, disposé transversalement au-dessus de la chaudière, et avec lequel l'extrémité supérieure de chacun des éléments vaporisateurs ou serpentin est relié par une tubulure ;

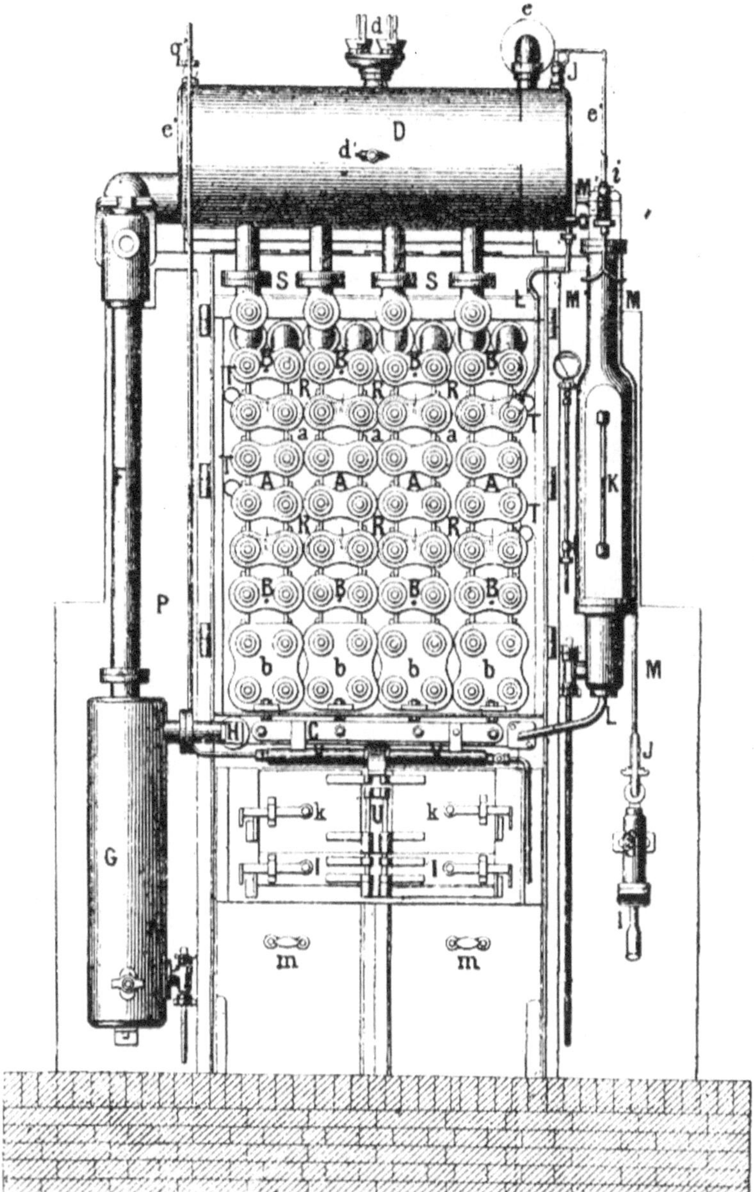
d
e
q
J
e'
e'
D
d'
M'
i
S
S
L
M
M
B
B
B
B
R
R
R
T
T
a
a
a
T
A
A
A
A
K
T
R
R
R
B
B
B
B
P
F
b
b
b
b
M
H
C
L
J
k
U
k
G
l
l
I
m
m

Fig. 16

4. D'un *récipient déjecteur* G relié à l'épurateur D par le tube F, et au collecteur C par le tube H ; ce déjecteur, qui forme *cul de sac* sur le trajet de l'eau alimentaire, a pour objet de recueillir le plus possible les dépôts ;
5. D'un serpentin *sécheur de vapeur* E, par lequel passe la vapeur au sortir de l'épurateur D, et qui est destiné, comme son nom l'indique, à vaporiser les particules d'eau entraînées par cette vapeur ;
6. D'un *régulateur d'alimentation automoteur* MM', communiquant par le bas avec le *robinet gradué d'alimentation* J, et portant à sa partie supérieure la *soupape d'introduction d'eau i* ; l'ensemble de cet appareil a pour office de régler dans une certaine mesure l'alimentation d'une manière automatique ;
7. Enfin d'une *colonne de niveau* K dans l'intérieur de laquelle se meut un flotteur ; cette colonne qui communique avec la chaudière par les tuyaux L, L', est surmontée d'un *sifflet de manque d'eau j*.

Les éléments vaporisateurs, le sécheur et le foyer sont enveloppés d'un fourneau maçonné P disposé comme les dessins l'indiquent.

Voici sommairement comment s'opère le fonctionnement de cette chaudière :

L'eau d'alimentation arrive par le tuyau marqué *l*, passe suivant la commande du robinet J dans le tuyau M, soulève la soupape *i* pour entrer dans la chaudière sur le côté et au bas de l'épurateur D par l'intermédiaire du tuyau M' ; là, elle barbote avec la vapeur mélangée d'eau qui sort des tubulures supérieures des serpentins vaporisateurs, et descend dans le collecteur inférieur C par les tuyaux F et H. Dans chacun des serpentins, il y a formation de vapeur, et ascension de celle-ci qui, de tube en tube, gagne l'épurateur D. Quant à l'arrivée d'eau dans le serpentin, nécessaire pour remplacer celle qui s'en va ainsi en vapeur, elle se fait, suivant les circonstances et en proportions diverses : d'une part par le bas, l'eau descendant par les tuyaux F et H, et arrivant par le collecteur C à la base du serpentin; d'autre part par le haut, l'eau descendant directement de l'épurateur D dans le serpentin, en sens inverse de l'ascension de la vapeur.

C'est dans le trajet coudé FH, que l'eau laisse déposer dans le déjecteur G, au moins en partie, les dépôts qu'elle tenait en suspension.

La vapeur qui se dégage dans l'épurateur supérieur D, est tout d'abord fortement mélangée d'eau, ainsi que cela est naturel, eu égard à ces conditions

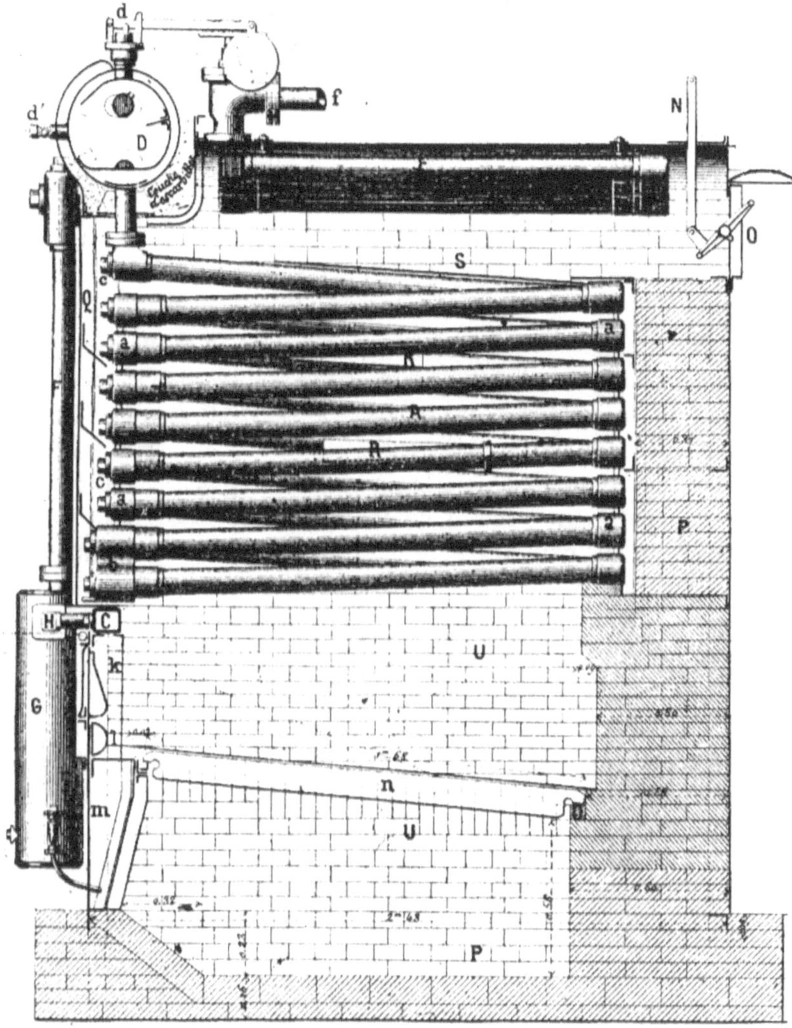

Fig. 17

de fonctionnement. Mais cet épurateur renferme un système de cloisons qui a pour effet, au moyen d'une sorte d'essorage, de séparer en grande partie l'eau, qui retombe à la base de l'épurateur, de la vapeur qui est emmenée par le tuyau *e*. Cependant, comme à ce moment cette vapeur contient encore trop de particules d'eau entraînée, elle est conduite, non à la machine, mais au serpentin sécheur E, que j'ai déjà mentionné dans la nomenclature des principales parties du générateur.

C'est après avoir parcouru les tubes successifs de ce serpentin, plongé dans les gaz chauds à la partie supérieure du fourneau, que la vapeur quitte enfin définitivement l'appareil par le tuyau de prise *f*.

L'eau ne s'élève, dans le tube indicateur en verre de cette chaudière, qu'à un niveau inférieur au sommet des serpentins vaporisateurs, quoique ceux-ci soient plongés entièrement dans les gaz chauds. Il y a ici exception à la règle ordinaire[14] concernant le niveau de l'eau, parce que la partie supérieure des serpentins est normalement protégée contre la surchauffe, par la circulation toute spéciale dont elle est le siège. Mais il faut avoir le plus grand soin de ne jamais laisser descendre l'eau dans le tube en verre du générateur Belleville, plus bas que l'index du niveau minimum tracé par le constructeur, car une surchauffe des tubes bouilleurs risquerait de prendre naissance, d'autant plus promptement que cette chaudière contient un moindre volume total de liquide.

C'est pourquoi il importe notamment de veiller au parfait fonctionnement des appareils alimentaires, ainsi que de l'automoteur[15]. En outre *on ne doit jamais fermer*, quand la chaudière est en marche, *le robinet gradué d'alimentation.*

La description et le fonctionnement des chaudières Belleville, comporteraient encore un certain nombre de détails qu'il serait trop long d'aborder ici ; bornons-nous à dire que ce sont des chaudières, dont la conduite exige de la part des chauffeurs, une instruction et une pratique spéciales.

Chaudière Roser. — La chaudière *Roser* qui est représentée ici (fig. 18-19) est du type dit *à retour de flammes* ; elle réunit les caractères des appareils à tubes bouilleurs où l'eau est dans les tubes, et des appareils tubulaires dont les tubes sont dans l'eau et reçoivent la fumée.

14 Ainsi qu'on l'a expliqué dans l'Introduction, page xii.

15 Toutes les pièces de l'automoteur doivent être parfaitement entretenues, bien libres dans leur jeu et pourvues de toutes leurs goupilles au complet.

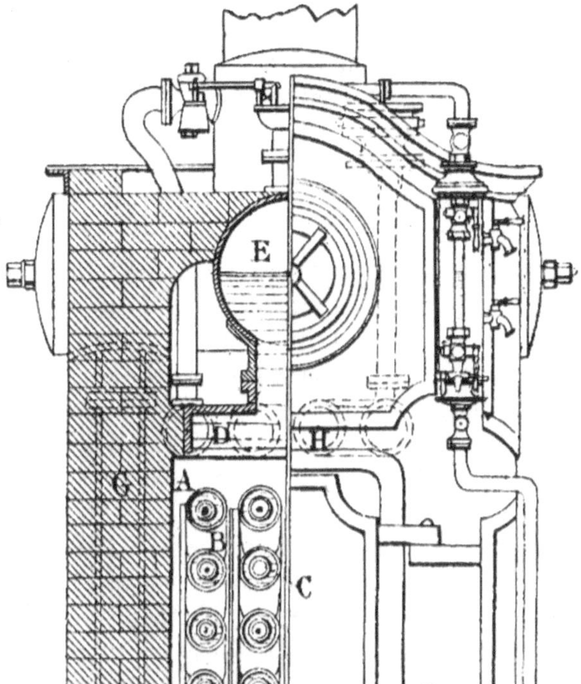

Fig. 18

Cette chaudière comprend un *faisceau de tubes*, formé d'un certain nombre d'éléments juxtaposés les uns à côté des autres AB, A'B' ...; un réservoir inférieur F dit *hydro-déjecteur* ; un *réservoir supérieur* E, mi-partie plein d'eau et de vapeur, et surmonté d'un *dôme* de prise de vapeur ; enfin, un *sécheur de vapeur* H.

Chacun des éléments du faisceau se compose d'un certain nombre de tubes bouilleurs B parallèles et superposés ; dans le cas des figures, ces bouilleurs sont pour chaque élément au nombre de 5; ils sont légèrement inclinés d'avant en arrière ; toutes leurs extrémités postérieures débouchent dans un collecteur vertical A', qui communique par le bas avec l'hydro-déjecteur F; toutes leurs extrémités antérieures débouchent dans un autre collecteur vertical A analogue, mais qui communique par le haut avec une pièce ou sommier D, greffée elle-même à la base du réservoir supérieur d'eau et de vapeur. Enfin deux tubes verticaux G établissent une communication permanente entre le réservoir supérieur d'eau et de vapeur E et l'hydro-déjecteur F.

Là se bornerait la description sommaire de l'appareil, s'il s'agissait d'une chaudière Roser à tubes simples, c'est-à-dire sans tubes à fumée ; mais, comme les figures représentent un type à retour de flammes, il faut encore ajouter qu'à l'intérieur de chaque tube bouilleur, tel que B, se trouve un tube à fumée C, dont les extrémités traversent les collecteurs verticaux d'avant et d'arrière, de manière à déboucher en dehors de la chaudière proprement dite, dans le fourneau, et à pouvoir ainsi livrer passage aux gaz chauds.

Ceux-ci, à partir de la grille, commencent par s'élever obliquement en léchant les tubes bouilleurs, de l'avant à l'arrière, pour revenir par les tubes à fumée sur le devant de l'appareil, d'où ils passent à sa partie supérieure, pour aboutir enfin à la cheminée, après avoir chauffé la partie inférieure du réservoir supérieur d'eau et de vapeur : on a porté, sur la figure 19, des flèches destinées à représenter cette circulation.

A l'intérieur du générateur, il y a de l'eau jusqu'à mi-hauteur (environ) du réservoir supérieur d'eau et de vapeur, et la règle ordinaire du niveau minimum de l'eau doit être observée. L'eau est, dans une pareille chaudière, en circulation continuelle, car elle est contenue dans l'espace compris entre les tubes bouilleurs et les tubes à fumée ; dés lors cet anneau liquide s'échauffe, tend à s'élever, et par conséquent se meut d'arrière en avant ; arrivé dans les collecteurs verticaux d'avant, il s'y élève et débouche dans le réservoir supérieur. L'eau, qui s'en va ainsi du faisceau de tubes, y est continuellement remplacée par celle qui descend du réservoir supérieur dans l'hydro-déjecteur

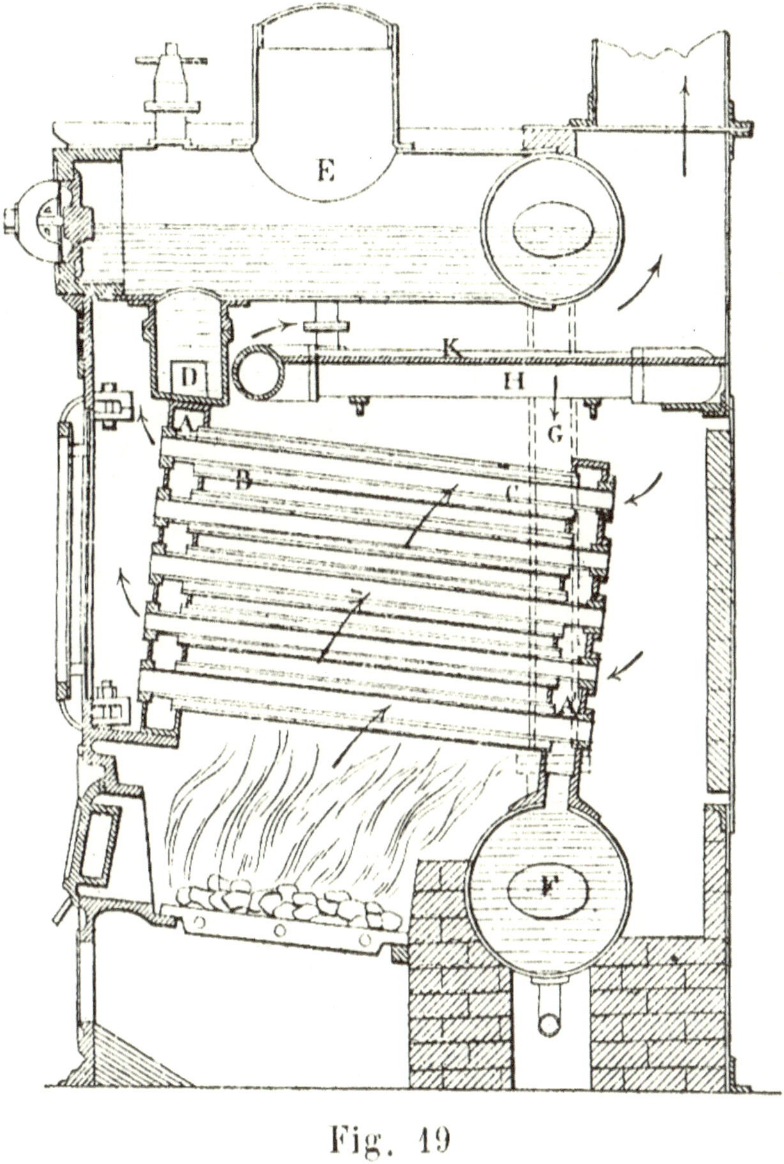

Fig. 19

(où elle se débarrasse d'une partie de ses dépôts), pour arriver ensuite par les collecteurs verticaux d'arrière à l'extrémité postérieure des tubes du faisceau.

Chauffée au cours de cette circulation, l'eau dégage continuellement de la vapeur dans la partie supérieure du réservoir E.

Enfin l'alimentation, destinée à remplacer l'eau vaporisée, se fait dans ce réservoir.

La surface de chauffe de cette chaudière comprend la surface extérieure des tubes bouilleurs et des collecteurs verticaux, la surface intérieure des tubes à fumée, une partie de la surface du réservoir supérieur d'eau et de vapeur, et enfin une partie de celle de l'hydro-déjecteur.

La chaudière Roser du type à tubes simples ne diffère de celle-ci, comme je l'ai déjà dit, que par l'absence des tubes à fumée. Les chaudières de ce constructeur sont parfois sans serpentin sécheur de vapeur.

Chaudière Collet. — Cette chaudière (fig. 20) se compose d'un *faisceau de tubes bouilleurs* A, tous parallèles entre eux, inclinés d'avant en arrière. Ces bouilleurs sont groupés en un certain nombre d'éléments placés les uns à côté des autres, et comprenant chacun plusieurs tubes superposés (7 dans la figure), qui sont greffés à leur extrémité antérieure dans un *collecteur* vertical C fermé par un bouchon *e*. Les collecteurs verticaux, juxtaposés en nombre égal à celui des éléments, sont tous en communication à leur partie supérieure avec un réservoir d'eau et de vapeur D non chauffé. L'appareil est complété par un sécheur de vapeur E, et le niveau de l'eau est à mi-hauteur du réservoir supérieur.

Les tubes bouilleurs, greffés chacun sur un collecteur vertical par l'extrémité avant *a*, sont fermés en cul de sac à l'extrémité arrière *b*. On ne peut mieux définir leur fonctionnement, qu'en disant que ce sont des espèces de tubes *Field* couchés. En effet, à l'intérieur de chaque tube bouilleur A, il y a un *tube directeur* B[16], destiné à amener l'eau au voisinage de son extrémité arrière, pour remplacer celle qui, s'échauffant entre le tube directeur et le tube bouilleur, se meut en s'élevant d'arrière en avant. Il faut donc que chaque collecteur livre passage à deux courants inverses : l'un, d'eau relativement froide, qui descend au tube directeur ; l'autre, d'eau à haute température ou de vapeur mêlée d'eau, qui débouche du tube bouilleur, et monte pour faire ébullition dans le réservoir supérieur. Pour que le collecteur puisse livrer passage à ces deux

16 Les tubes directeurs B sont traversés par des boulons tirants *d*, qui ont pour but d'assurer la rigidité du système.

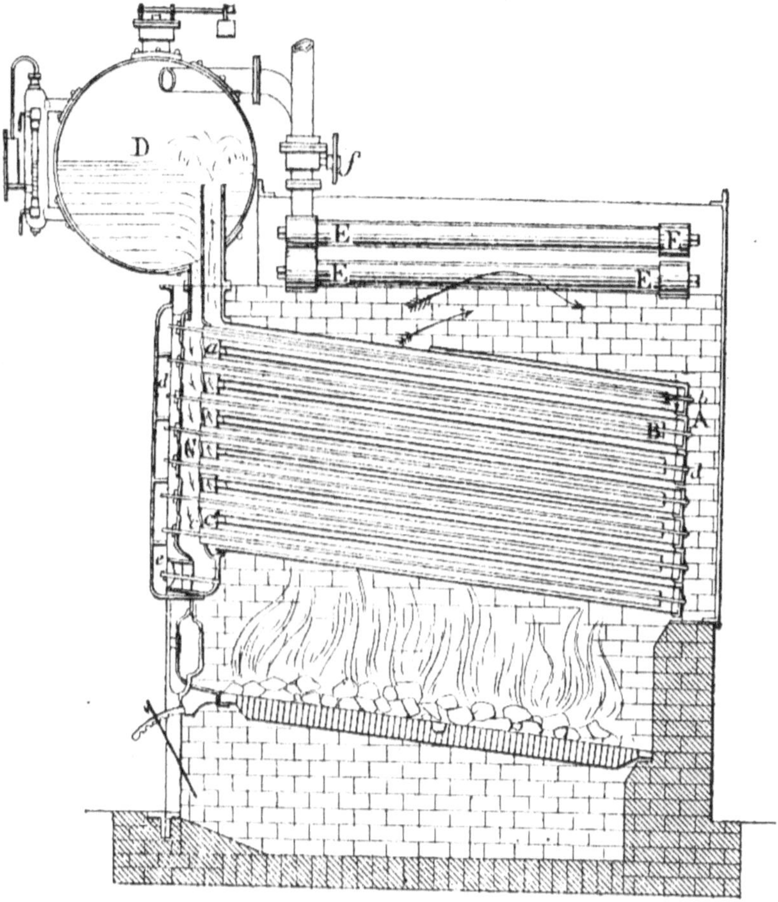

Fig. 20

courants, il est partagé par une cloison intérieure, en deux compartiments *c*, *c'* distincts. Tel est le principe général du fonctionnement de l'appareil ; je n'entrerai pas dans les détails qui m'entraîneraient trop loin.

La surface de chauffe de ce générateur, est égale à celle des tubes bouilleurs, augmentée d'une partie de celle des collecteurs verticaux.

Les types de générateurs à petits éléments sont nombreux ; mais on se bornera ici à ces exemples.

Ne quittons pas ce sujet sans recommander aux chauffeurs des chaudières de cette classe, de toujours tenir solidement barricadées les grandes portes de façade et toutes autres ouvertures du fourneau, et de bien loqueter (en dehors des temps de chargement) les portes de foyer, afin que si un tube bouilleur venait à faire explosion, la bouffée d'eau et de vapeur mise en liberté à l'intérieur du fourneau, eût le moins de chances possibles de se déverser vers eux[17].

Comme il arrive souvent, avec les chaudières à petits éléments, qu'un joint de tampon de nettoyage vienne à perdre, rappelons à cette occasion, que jamais on ne doit serrer un joint à chaud car cette opération pourrait amener une rupture de boulon, et causer un grave accident.

D'ailleurs il faut bien se garder d'ouvrir pendant le fonctionnement de la chaudière les portes de façade, soit d'avant, soit d'arrière, même et surtout si un incident alarmant se produit. Il va sans dire que le chauffeur doit visiter l'intérieur de son fourneau, mais seulement quand l'appareil est à froid. Si la visite conduit à refaire des joints, il faut avoir soin de n'en serrer les boulons, qu'avec les clefs spécialement destinées à cet usage, sans jamais les rallonger ; autrement on risque de produire peu à peu des fissures dans les boulons, et ceux-ci se trouvant affaiblis, pourraient rompre sous la pression normale de marche.

17 Les personnes qui désireraient avoir à ce sujet de plus amples détails, pourraient consulter une note insérée aux *Annales des Mines*, 9e série, tome VI, page 534, (novembre 1894), par l'auteur de l'Introduction.

CHAPITRE III

APPAREILS ALIMENTAIRES

L'alimentation des chaudières à vapeur se fait au moyen de bouteilles alimentaires, de pompes, ou d'injecteurs. Il est essentiel que le chauffeur connaisse parfaitement ces appareils, et la manière de s'en servir.

Bouteille alimentaire. — La bouteille alimentaire (fig. 21) est un récipient cylindrique B, placé à un niveau plus élevé que la chaudière (dans le cas de la figure, chaudière à bouilleurs G), et pouvant être mis en communication avec elle, par des tuyaux munis de robinets. L'un de ces tuyaux *c*, dont nous verrons tout à l'heure l'utilité, fait communiquer la partie supérieure de la bouteille, avec la chambre à vapeur de la chaudière ; l'autre tuyau *d*, part de la partie inférieure de la bouteille, et est destiné à amener à la chaudière l'eau d'alimentation. En outre, la bouteille peut être mise en communication par un tuyau *b* muni d'un robinet, avec le réservoir supérieur R, qui contient la provision d'eau. Enfin un quatrième tuyau à robinet *a*, permet de mettre la partie supérieure de la bouteille en communication avec l'atmosphère ; quand cela a lieu, ce tuyau *a* fait en même temps office de trop plein.

En résumé, cela fait à partir de la bouteille, quatre tuyaux munis de robinets *a, b, c, d*. Voici maintenant comment cet appareil fonctionne :

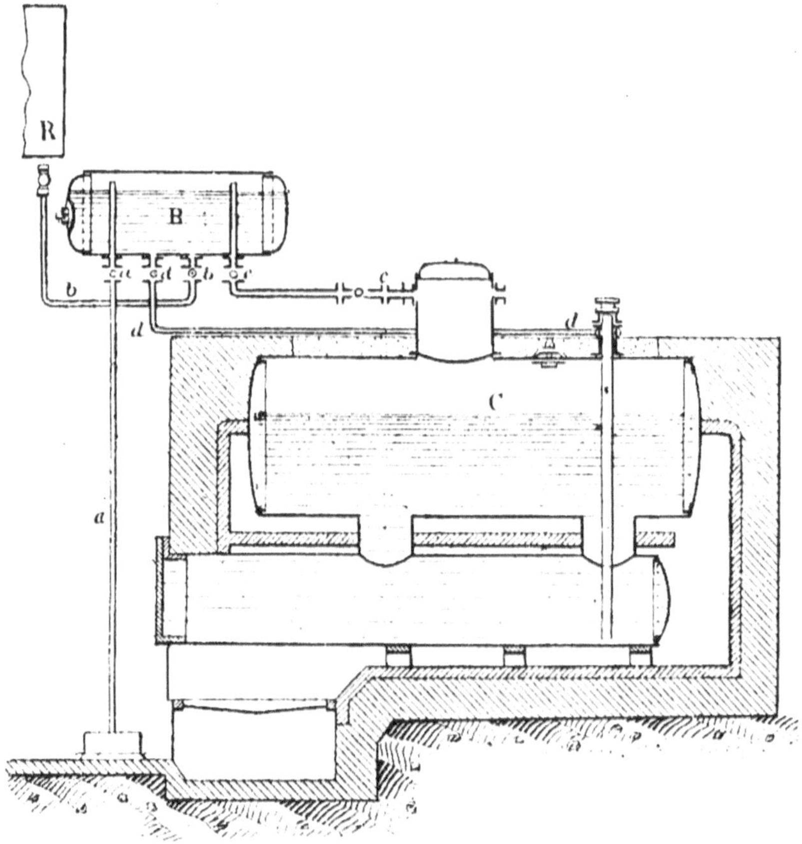

Fig. 21

Supposons d'abord que la bouteille soit entièrement isolée de la chaudière, par la fermeture des robinets *c* et *d*, et que le robinet *a* étant ouvert, sa partie supérieure soit en communication avec l'atmosphère. Rien n'est plus facile alors que d'emplir d'eau cette bouteille : il suffit d'ouvrir le robinet *b*, et comme le réservoir R est à un niveau plus élevé que la bouteille, l'eau de celui-ci s'écoule tout naturellement dans cette dernière par l'action de son poids. Il est vrai qu'à mesure qu'elle arrive, l'eau a besoin de chasser l'air de la bouteille, mais ceci se fait sans difficulté, parce qu'il s'en va au fur et à mesure par le tuyau *a*. L'eau arrive ainsi dans la bouteille, jusqu'à ce que le tuyau *a* faisant office de trop plein, avertisse qu'elle est remplie ; à ce moment on ferme le robinet *b* et l'eau cesse d'arriver : voilà la bouteille pleine d'eau.

Il s'agit maintenant de faire passer l'eau de la bouteille dans la chaudière. Suffirait-il à cet effet d'ouvrir le robinet *d* ? Point du tout, car il y a dans la chaudière une forte pression, qui tend à refouler l'eau dans le tuyau *d*, du générateur vers la bouteille, tandis qu'il n'y a dans celle-ci, que la pression atmosphérique pour agir en sens inverse.

Par conséquent, si on ouvrait simplement le robinet *d*, l'eau de la bouteille au lieu de descendre dans la chaudière, tendrait au contraire à être refoulée.

C'est pour obvier à cet état de choses, qu'on a placé le tuyau de vapeur *c* ; dès lors, si après avoir fermé le robinet *a*, nous ouvrons le robinet *c*, la vapeur qui arrive, commence par réchauffer l'eau de la bouteille, et bientôt l'équilibre de pression s'établit dans les deux appareils. On juge qu'il en est ainsi, quand le bruit de la vapeur arrivant dans l'eau froide s'affaiblit, ou bien en tâtant la bouteille avec la main. Une fois cela fait, nous n'avons plus qu'à ouvrir le robinet *d* : l'eau descend alors dans la chaudière sous l'action de son poids, puisque la pression qu'elle rencontre en bas dans le générateur, est égale à celle qu'elle reçoit en haut dans la bouteille.

En résumé, les opérations à faire pour se servir de la bouteille alimentaire sont les suivantes : 1° pour emplir la bouteille, tenir *c* et *d* fermés, *a* et *b* ouverts ; 2° fermer *e* et *b* ; 3° ouvrir *c* et attendre que l'équilibre de pression soit établi ; 4° enfin ouvrir *d* pour faire écouler l'eau dans la chaudière.

Pompe alimentaire. — Une pompe alimentaire (fig. 22) se compose d'un piston A, se mouvant à travers un presse-étoupe *a*, dans un corps de pompe B, muni de deux tubulures C et D, l'une pour l'aspiration de l'eau, et l'autre pour son refoulement.

La tubulure C communique avec une bâche ou réservoir, contenant la provision d'eau, et porte un *clapet d'aspiration c* ; la tubulure D communique avec la chaudière par un *clapet de refoulement d.* Le logement des deux clapets s'appelle *boîte à clapets* ou quelquefois *chapelle.* Le corps de pompe porte un robinet à main *e*, dit robinet purgeur.

Voici comment fonctionne cet appareil :

Supposons-le d'abord plein d'eau ; nous verrons tout à l'heure comment il s'amorce au commencement du fonctionnement. Lorsque le piston A, supposé d'abord au bas de sa course, comme c'est le cas sur la figure, s'élève dans le corps de pompe B, il tend à y produire un vide, d'où résulte dans cet

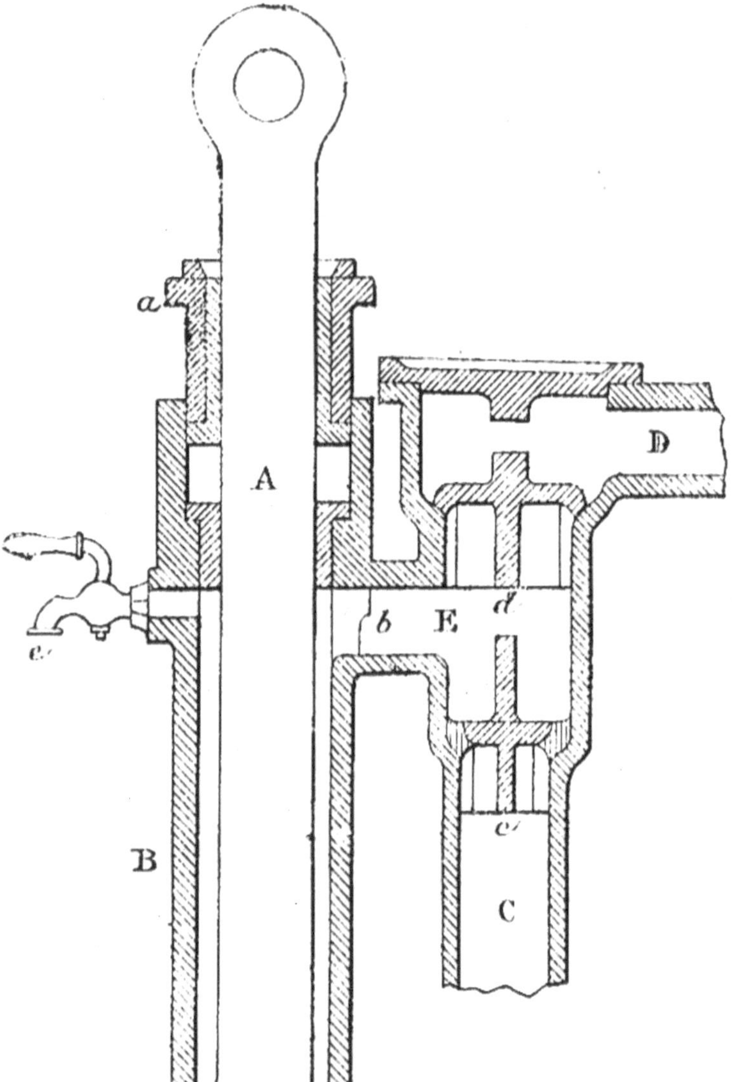

Fig. 22

organe, et dans la chapelle E, une diminution de pression ; par suite, le clapet d'aspiration *c*, étant soumis à une poussée moindre de haut en bas que de bas en haut, se soulève, et l'eau vient de la bâche par le tuyau d'aspiration C, pour occuper la place laissée libre par le piston A.

Quand maintenant ce piston redescend, l'eau, qui est incompressible, se trouve chassée et tend à sortir du corps de pompe, mais elle ne peut le faire par le tuyau C, car sa pression a pour premier effet de refermer le clapet *c*, et de l'appliquer sur son siège ; seulement cette même pression soulève le clapet *d*, et l'eau se trouve refoulée à la chaudière.

Il faut maintenant voir comment la pompe s'amorce au commencement, lorsqu'elle est pleine d'air : considérons le clapet d'aspiration *c*, quand la pompe n'a pas encore fonctionné. A ce moment, il se trouve pressé également par l'air au-dessus et au-dessous, et par conséquent repose sur son siège sous l'action de son propre poids. Il en est de même du clapet de refoulement *d* : aussitôt que le piston commencera son mouvement ascensionnel, l'air qui se trouvait en E, se répand dans tout l'espace qui devient libre ; par conséquent, comme le volume de cet air augmente, sa pression diminue, et le clapet *c* cesse d'être pressé également. Il arrive un moment où la poussée qu'il subit ainsi de bas en haut surmonte son poids, et il se soulève ; alors l'air contenu dans le tuyau *c*, passe en partie dans le corps de pompe, en appelant l'eau derrière lui .

Faisons maintenant redescendre le piston. Celui-ci vient refouler l'air contenu dans le corps de pompe ; sa pression augmente de nouveau jusqu'à un moment où le clapet *c* se referme ; puis la pression augmentant encore, une partie de l'air se trouve expulsée hors du corps de pompe, en soulevant au besoin le clapet de refoulement *d*.

Les allées et venues du piston continuant, on comprend que tout l'air qui était contenu dans le tuyau *c* arrive à être expulsé ; dès ce moment ce n'est plus que de l'eau qui arrive par ce tuyau et la pompe s'amorce. On reconnaît qu'il en est ainsi, lorsqu'en ouvrant le robinet purgeur *e*, après avoir appliqué le doigt dessus, on sent qu'il est repoussé par un jet d'eau bien franc, chaque fois que le piston descend.

Petit cheval. — Assez généralement, quand une chaudière fournit sa vapeur à une machine motrice, celle-ci fait mouvoir accessoirement la pompe alimentaire du générateur ; souvent aussi une pompe alimentaire est mue par une machine à vapeur spéciale : L'ensemble de ces deux appareils, prend alors le nom de *petit cheval* ou *cheval alimentaire*.

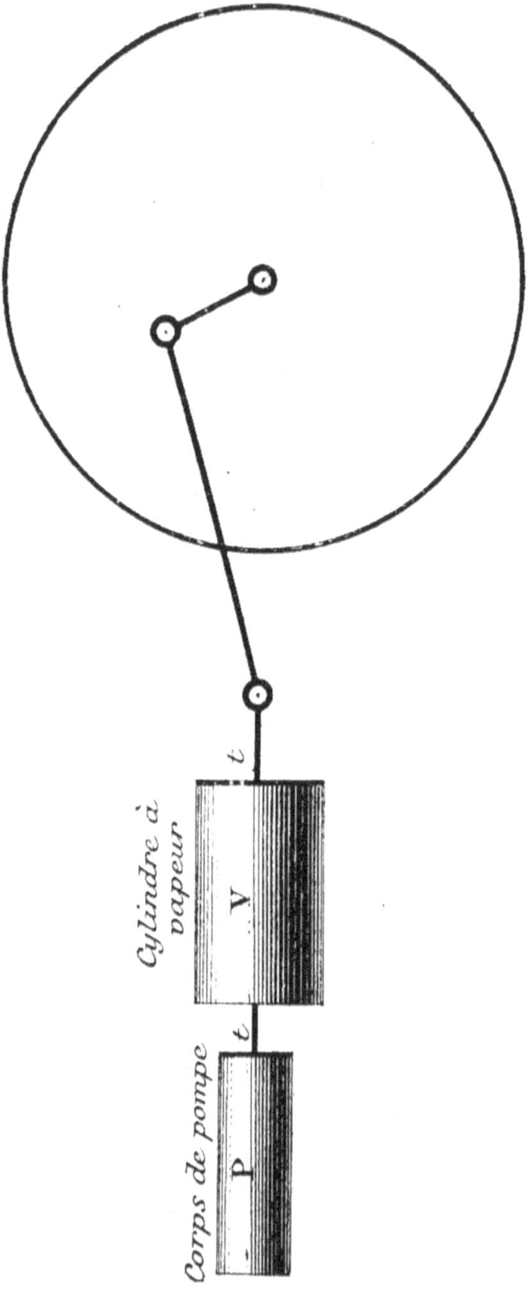

Fig. 23

Le plus souvent, dans un petit cheval, le piston de la machine à vapeur et le piston de la pompe sont portés par une même tige (fig. 23-24) : le cylindre à vapeur V, et le corps de pompe P, sont alors naturellement dans le prolongement l'un de l'autre, et les deux pistons portés par leur tige commune *tt*, ont un seul et même mouvement de va et vient[18].

Quelquefois il y a en outre un volant pour régulariser le mouvement ; c'est le cas de la figure 23.

La figure 24 représente comme autre exemple, un petit cheval dans lequel il n'y a pas de volant. En outre, dans cet appareil, la pompe P est une *pompe à double effet*, c'est-à-dire que c'est l'équivalent de deux pompes juxtaposées, l'une à l'avant, l'autre à l'arrière ; quand le piston va dans un sens, il aspire d'un côté et refoule de l'autre, et inversement : il y a donc en tout quatre clapets, deux clapets d'aspiration *a* et *a'*, deux clapets de refoulement *r* et *r'*.

Dans un petit cheval ainsi disposé, la vapeur arrive par le tuyau *m*, et est distribuée au cylindre V, par le tiroir dont la tige *n* est commandée par la fourche *f* qu'actionne la tige t.

Quant à l'eau, elle arrive par le tuyau d'aspiration *b*, soulève alternativement les clapets *a* et *a'*, et est refoulée alternativement par les clapets *r'* et *r*, dans le tuyau *d* qui la conduit à la chaudière.

---

18 Il faut que le piston de pompe (P) ait un diamètre moindre que le piston à vapeur (V), afin que l'eau d'alimentation soit poussée avec une pression suffisante pour pénétrer dans la chaudière. Supposons par exemple que les diamètres des deux pistons soient respectivement 0m,25 et 0m,16 (surfaces, 491 et 201 centimètres carrés). Si la chaudière fonctionne à 6k, la pression utile moyenne sur le piston (V) sera, nous supposons, 4k,5; cette pression exercera sur ce piston une force de 4,5 x 491, soit 2210 kilogrammes. Cette force de 2210 kilogrammes sera transmise par la tige *tt* au piston (P). Le piston (P) la transmettra à son tour à l'eau, c'est-à-dire qu'il aspirera l'eau d'un côté et la foulera de l'autre sous une différence de pression égale à 2210/201, soit 11k par centimètre carré. Si le petit cheval aspire dans une bâche située à peu de hauteur au-dessous de lui, l'aspiration n'exigera qu'une faible dépression, et c'est à peu près sous la pression effective de 11k, notablement supérieure à celle existant dans la chaudière, que l'eau sera foulée dans le tuyau d'alimentation.

Le cylindre V et ses organes accessoires constituent une machine à vapeur : il faudra prendre dans sa conduite les différentes précautions indiquées plus loin au sujet des machines à vapeur, telles qu'ouvrir le ou les robinets de purge du cylindre avant la mise en marche, graisser, etc. Quant au cylindre (P) et à ses accessoires, ils constituent une pompe, dont les garnitures et les clapets devront être soigneusement entretenus. En particulier, les segments du piston devront être parfaitement étanches : autrement il pourrait arriver que le petit cheval, tout en marchant à bonne allure et paraissant bien fonctionner, ne fournît pas à la chaudière la quantité d'eau voulue. — C. W.

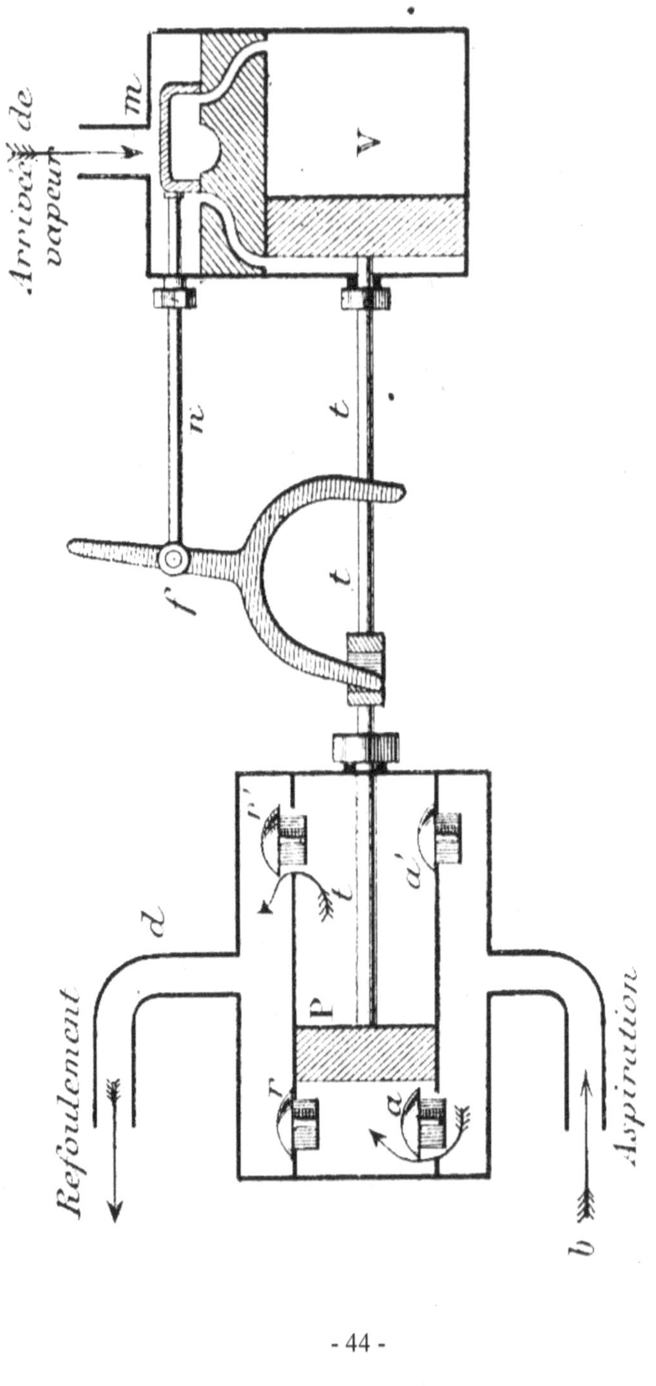
Arrivée de vapeur
m
V
n
t
f
t
d
r'
a'
t
P
r
a
Refoulement
Aspiration
b

Fig. 24

Injecteur. — Cet appareil a pour but d'imprimer à l'eau d'alimentation, au moyen d'un jet de vapeur, une vitesse assez grande pour que la force vive du liquide puisse le faire pénétrer à l'intérieur de la chaudière, en surmontant la pression qui existe dans celle-ci[19].

Il y a une assez grande variété de systèmes d'injecteurs, les uns aspirants, c'est-à-dire capables de puiser l'eau dans une bâche située au-dessous d'eux, les autres non-aspirants, auxquels l'eau doit être fournie en charge[20].

La figure 25 représente en coupe un injecteur aspirant, type *Giffard.*

La vapeur arrive de la chaudière par le tuyau V que commande le robinet *c*, et pénètre du cylindre A dans l'intérieur de la tuyère B par les petits trous *a, a* ; elle s'échappe de celle-ci par le bec *b*, en un jet que l'on règle au moyen de la poignée *f* qui actionne l'aiguille C. Ce jet de vapeur aspire d'abord l'air contenu dans le tuyau E (plongeant dans la bâche), puis ensuite l'eau qui le suit ; celle-ci ainsi aspirée, et la vapeur condensée, se trouvent lancées comme l'indique la première flèche horizontale. La tuyère B peut être avancée plus ou moins par la poignée *e*, en vue de lui donner la position la plus favorable. Le jet d'eau ainsi produit arrive par un cône fixe dans la *chambre du trop plein* en *d*. Là, sa pression est égale à la pression atmosphérique ; mais s'il est convenablement lancé, ce jet liquide pénètre alors dans le divergent FF, où il se ralentit progressivement, mais où sa pression augmente, de telle façon qu'elle devient suffisante, pour que l'eau soulève le clapet G, et se rende à la chaudière par le tuyau R.

Si arrivé au point *d*, le jet liquide n'avait pas l'impulsion, ou le volume nécessaire, pour pénétrer dans le divergent FF, ou pour y pénétrer tout entier, tout ou partie de l'eau s'écoulerait au dehors par le tuyau de trop plein P.

Il faut noter que les injecteurs ne fonctionnent que si la température de l'eau d'alimentation n'excède pas une certaine limite, qui varie suivant les appareils, et est assez souvent aux environs de 50°.

D'autre part il faut, pour que l'injecteur s'amorce, que la pression à la chaudière ne soit pas trop faible.

---

19 C'est dans la partie FF de l'appareil appelée *divergent*, que l'eau perd progressivement de sa force vive en augmentant sa pression : il se fait dans l'injecteur une double transformation de la chaleur en travail, et de la force vive en pression sur laquelle je n'insisterai pas.

20 L'eau est eu charge, lorsqu'elle est fournie par un réservoir situé au-dessus de l'appareil.

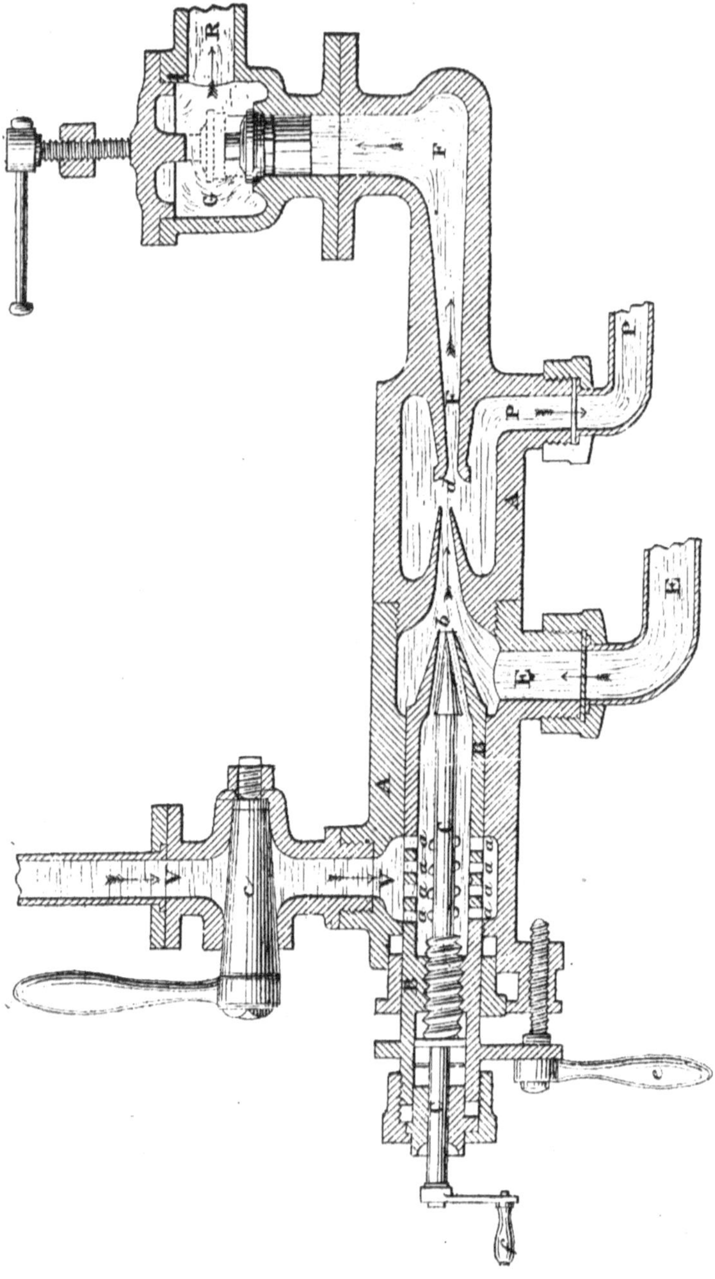

Fig. 25

Clapet de retenue d'alimentation.— Un tuyau d'alimentation, au point où il aboutit sur le générateur qu'il dessert, est pourvu d'un clapet de retenue: cet organe a pour but d'empêcher automatiquement la chaudière de se vider en cas de rupture ou de fissuration du tuyau d'alimentation, ou de fuite par l'appareil alimentaire.

La figure 26 montre la coupe d'un clapet de la maison *Lethuillier et Pinel*; le jeu de cet organe est facile à comprendre : l'eau chassée par l'appareil alimentaire, arrive par le côté qui se trouve à gauche de la figure, soulève le clapet, et passe à droite pour s'introduire dans le générateur.

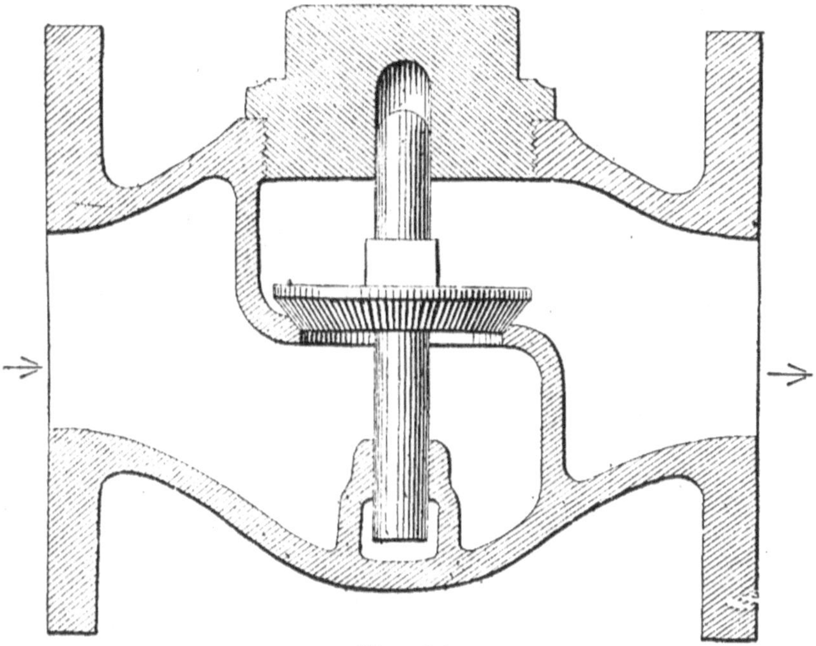

Fig. 26

Quand l'alimentation ne fonctionne pas, le clapet retombe, et il devient impossible à la chaudière de se vider, d'autant plus que la pression qui s'exerce dans l'intérieur de celle-ci, presse sur la face supérieure du clapet et le force à rester sur son siège.

Il va sans dire que pour cela, il faut que le clapet soit en bon état d'entretien et fonctionne bien.

Le plus souvent, un robinet est interposé entre la chaudière et le clapet : en fermant ce robinet dans l'intervalle de deux alimentations, on peut alors visiter le clapet, même pendant la marche de la chaudière, voir si cet appareil est en bon ordre et faire le nécessaire s'il y a lieu[21].

21 Le robinet ne doit être fermé sur une chaudière en marche, que pour ces vérifications et d'une manière temporaire autrement, sa position normale doit bien entendu être la position *ouverte.*

CHAPITRE IV

APPAREILS DE SÛRETÉ

Les *appareils de sûreté* essentiels à bien faire connaître ici, sont des appareils portés par les chaudières, et qui ont pour but d'indiquer aux chauffeurs, soit la *hauteur de l'eau*, soit la *pression de vapeur*, afin qu'ils puissent régler leur travail en conséquence.

Chaque chaudière est munie de deux appareils indicateurs du niveau de l'eau distincts, dont l'un est toujours un *tube en verre*, et dont l'autre peut être soit un second tube indépendant du premier, soit un flotteur, soit un système de robinets de jauge étagés. Pour l'indication de la pression, le chauffeur a sous les yeux un manomètre ; de plus, la chaudière possède au moins *deux soupapes de sûreté* qui doivent se lever, quand la pression atteint la limite marquée par le timbre.

On place en outre quelquefois sur les chaudières d'autres appareils, dits aussi appareils de sûreté, mais qui ont un caractère différent des précédents. Ce sont des appareils destinés à prévenir automatiquement certains dangers ; mais il importe d'ajouter tout de suite, que le chauffeur ne doit jamais compter sur le jeu de ces derniers organes, qui peuvent toujours à un moment donné ne pas fonctionner.

Les soupapes, que je viens déjà de mentionner, se rattachent jusqu'à un certain point à cette seconde catégorie d'appareils de sûreté. C'est à celle-ci qu'appartiennent aussi les *bouchons fusibles*, qui existent sur certaines chaudières, et dont je dirai un mot tout à l'heure ; les *clapets de retenue d'alimentation*, dont j'ai déjà parlé à la fin du chapitre précédent, et sur lesquels je ne reviendrai pas ; et les *clapets d'arrêt de vapeur*, appareils que l'on trouve sur les tuyauteries de vapeur de certaines grandes batteries de générateurs, et dont le principe sera indiqué ci-après.

Indicateurs du niveau de l'eau.

Tube indicateur. – Cet appareil (fig. 27) qu'on appelle aussi le tube de niveau, ou par abréviation le tube, doit être de la part du chauffeur l'objet des soins les plus attentifs ; il n'est permis de négliger aucune précaution relative à son entretien ni à son emploi.

Il se compose d'un tube de verre vertical T, emmanché à ses extrémités dans deux montures métalliques E et V, qui communiquent avec la chaudière par l'intermédiaire des robinets R et R'.

Les montures métalliques, qui reçoivent les extrémités du tube de verre, sont munies de presse-étoupes, et les garnitures sont faites soit tout en filasse, soit avec des bagues de caoutchouc. Il importe que chacune de ces montures soit disposée de manière que la garniture s'appuie contre un épaulement, qui la maintienne suffisamment éloignée de l'extrémité du tube, afin qu'elle ne puisse venir l'obstruer même partiellement[22].

La tubulure inférieure E établit la communication du tube T avec l'eau de la chaudière ; la tubulure supérieure V établit sa communication avec la vapeur, et remplit à peu près le même office que le tuyau d'amenée de vapeur des bouteilles alimentaires, en assurant l'équilibre de pression entre l'intérieur du générateur et le haut du tube T.

Un troisième robinet P, ou *robinet purgeur*, est placé au bas de la monture inférieure, en vue de permettre de purger l'appareil.

L'idée première du fonctionnement d'un tube indicateur, c'est que comme dans deux vases communiquants, l'eau s'élève à la même hauteur dans le tube de verre et dans la chaudière elle-même. Lorsque les tubes sont bien disposés et en bon état, il en est en effet sensiblement ainsi ; le chauffeur peut donc se rendre compte à tout instant de la hauteur d'eau et régler l'alimenta-

22 La livraison des *Annales des Mines*, déjà citée à propos des chaudières à petits éléments, contient une note du même auteur, sur un certain nombre de précautions à prendre, dans l'installation et l'emploi des tubes indicateurs du niveau de l'eau.

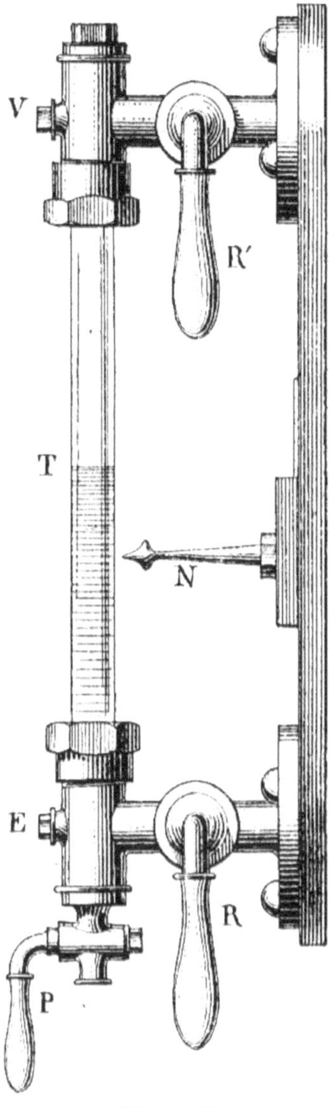

Fig. 27

tion en conséquence, de façon à n'être jamais au-dessous du niveau minimum réglementaire[23].

La limite au-dessous de laquelle l'eau ne doit pas descendre doit être indiquée, au voisinage du tube indicateur, par une flèche N, un trait, ou autre marque bien visible, qu'on appelle l'*index du niveau minimum de l'eau*[24].

Le tube de verre et sa robinetterie sont assez souvent montés sur de petits réservoirs auxiliaires appelés *épurateurs* ou *clarinettes* (fig. 28); au bas de ce dernier organe se trouve un robinet de purge, qui permet d'évacuer de temps en temps les dépôts qui s'y accumulent, de sorte qu'il arrive ainsi de l'eau plus claire à la base du tube.

Qu'il comprenne ou non une clarinette, le tube de verre doit être en relation avec la chaudière, par des communications aussi courtes et aussi peu sujettes aux obstructions que possible. S'il n'est pas appliqué directement contre une des parois du générateur, il faut du moins que les tuyaux qui l'y relient soient courts, exempts de coudes, faciles à visiter et à nettoyer. Il est d'une grande importance, que le tuyau de communication d'eau ne présente pas de région basse, et aille constamment en montant de la chaudière à l'appareil indicateur.

23 Au sujet duquel des explications ont été fournies dans l'Introduction, page x.

24 Sur les chaudières de bateau, cet index du niveau minimum est remplacé par un index du niveau moyen de l'eau.

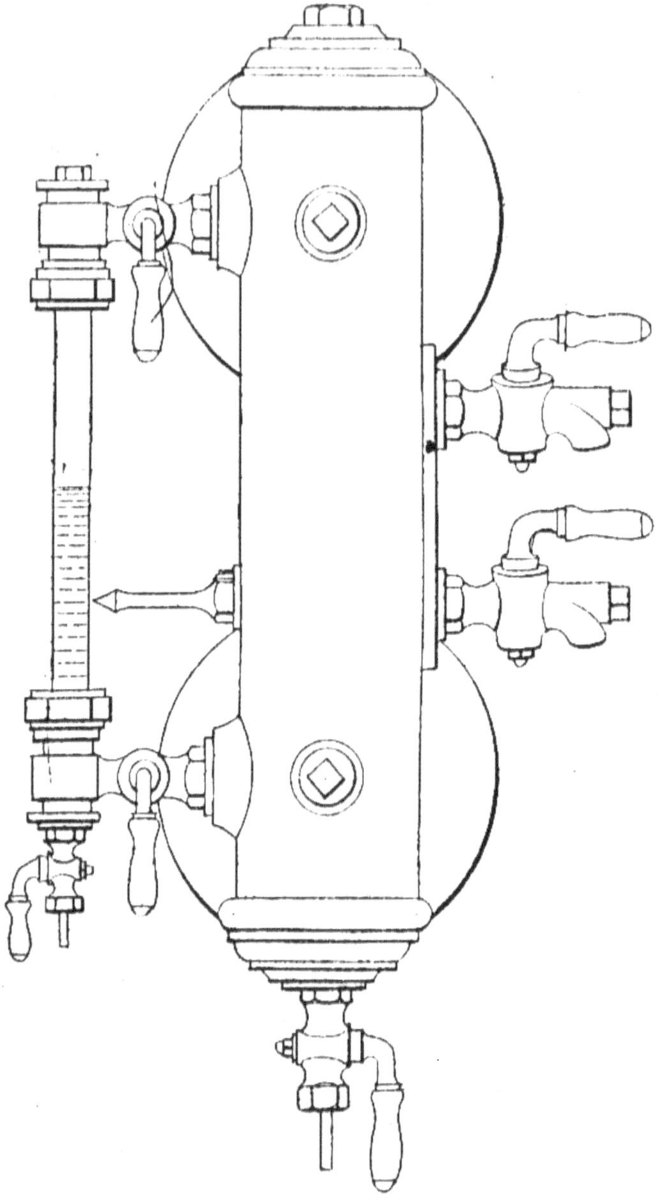

Fig. 28

Les tubes de verre doivent être fréquemment purgés[25], mais il faut prendre pour cela les précautions nécessaires pour que cette opération soit sans danger. En effet il arrive parfois qu'un tube se brise quand on le purge, et les éclats de verre peuvent causer des accidents : on peut avoir un oeil crevé ; l'accident pourrait même être plus grave encore, si un éclat de verre venait couper une des grosses artères du cou. On doit donc pour cette opération: 1° se garantir le cou ; 2° se protéger le visage, ce qui s'obtient facilement en se coiffant d'un masque d'escrime.

Les tubes en verre cassent encore quelquefois pendant le service, lorsqu'il y a des courants d'air dans la chaufferie ou lorsqu'ils sont mal posés. En particulier quand les deux montures métalliques ne sont pas bien en regard l'une de l'autre, le tube se trouve pressé un peu de travers par celles-ci, et il est sujet à se briser ; avec du soin et des précautions convenables, on arrive à rendre ce genre d'accidents assez rare pendant le service.

On entoure parfois les tubes de verre d'une gaine percée de fenêtres, ou d'un treillis métallique ; mais il ne faut jamais que ces dispositifs masquent le tube de manière à en gêner l'observation ; on doit donc bien orienter les fenêtres de ces gaines et nettoyer les treillis.

Flotteurs. — On donne le nom d'*indicateurs à flotteur*, ou par abréviation de *flotteurs*, à des appareils indicateurs du niveau de l'eau, dont l'organe essentiel est soit une boule métallique creuse, soit une meule en pierre de la même forme que celles qui servent à repasser les couteaux ; cette boule métallique, ou cette meule, monte et descend dans la chaudière, en même temps que le niveau de l'eau, sur laquelle elle surnage[26]. Les mouvements de ce flotteur sont traduits au dehors par un système indicateur qui varie suivant les types, et dont le bon fonctionnement est le point délicat en matière d'appareils de ce genre.

Flotteur à balancier. — Le plus primitif des indicateurs à flotteur, mais on peut dire aussi le plus sujet à caution, est celui que représente la figure 29, et auquel on a donné le nom de *flotteur à balancier*.

---

25 Sur ce sujet, on voudra bien se reporter à l'Introduction, page xiii.

26 Pour qu'une meule en pierre puisse flotter, il est nécessaire que son poids soit partiellement équilibré par un contrepoids, comme cela a lieu, ainsi qu'on va le voir, dans le flotteur à balancier.

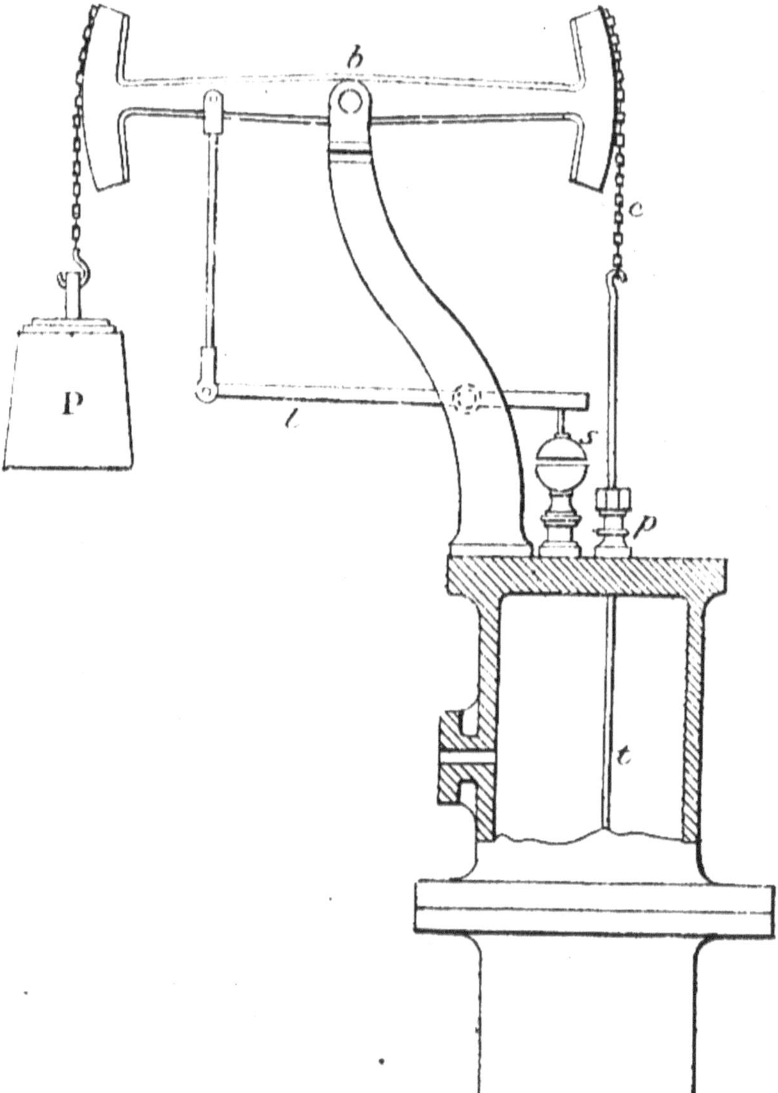

Fig. 29

Il se compose d'une meule suspendue dans la chaudière à l'extrémité inférieure d'une tige métallique mince *t*, qui traverse un presse-étoupe *p*, et sort ainsi hors de la chaudière ; celle tige est accrochée par son extrémité supérieure à une chaînette *c*, s'enroulant sur l'un des arcs terminaux d'un balancier *b*, dont l'arc opposé porte par l'intermédiaire d'une seconde chaînette un contre-poids P ; celui-ci est calculé de manière à équilibrer en partie le poids de la meule, afin qu'elle puisse flotter à la surface de l'eau.

On juge de la hauteur du niveau par la position du balancier.

La figure représente en outre un dispositif additionnel destiné à produire un sifflement, quand le niveau de l'eau s'abaisse d'une manière exagérée ; ce dispositif consiste dans un levier *l* qui, lorsque le flotteur s'abaisse trop, vient appuyer sur la tige de clapet d'un petit sifflet à vapeur *s* : quand il en est ainsi, le clapet s'ouvre et la vapeur s'échappe contre le timbre du sifflet, ce qui produit un bruit strident.

L'inconvénient principal des flotteurs de ce genre, c'est que la tige *t* est obligée de traverser un presse-étoupe, qui doit avoir juste le serrage nécessaire, pour empêcher une fuite de vapeur exagérée, tout en laissant à la tige une liberté suffisante, pour qu'elle ne soit pas gênée dans ses mouvements ; ces deux conditions sont difficilement conciliables.

Flotteur magnétique. — Dans le *flotteur magnétique* (fig. 30-31), la boule flottante F supporte une tige verticale qui va et vient à l'intérieur d'une colonne de fonte fixée sur la chaudière ; cette colonne est fermée par le haut, et en libre communication par le bas avec l'intérieur du générateur ; de sorte que la tige, qui se meut verticalement, en suivant les mouvements de la boule flottante, est en définitive tout entière à l'intérieur de l'appareil ; il n'y a par conséquent aucun presse-étoupe. Seulement, comment peut-on, dès lors, observer la position de la tige verticale ? C'est ici qu'est mise à profit la propriété bien connue des aimants[27] : la tige verticale porte à son extrémité supérieure un aimant, qui frotte derrière la plaque rectangulaire (avec échelle divisée) d'une boîte en bronze B, que l'on voit de face sur la figure 31, et sur laquelle se meut un petit index mobile en fer *i*. Cet index est attiré par l'aimant, et adhère sur la plaque verticale en face de lui. Quand l'aimant monte ou descend avec la tige, l'index le suit dans son va et vient en roulant sur la plaque, traduisant ainsi sur l'échelle les variations du niveau de l'eau.

27 Propriété d'attirer le fer.

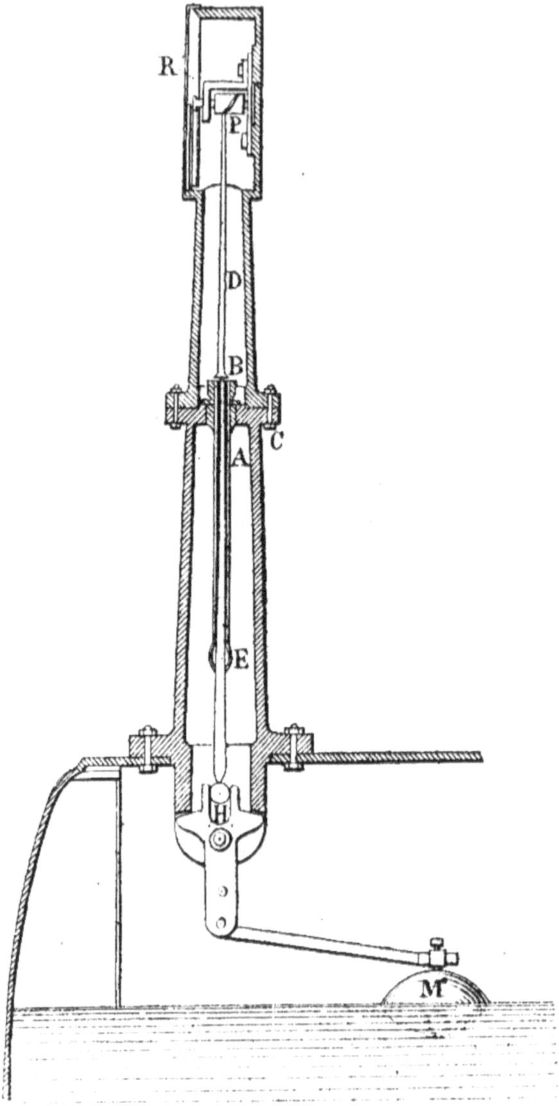

Fig. 32

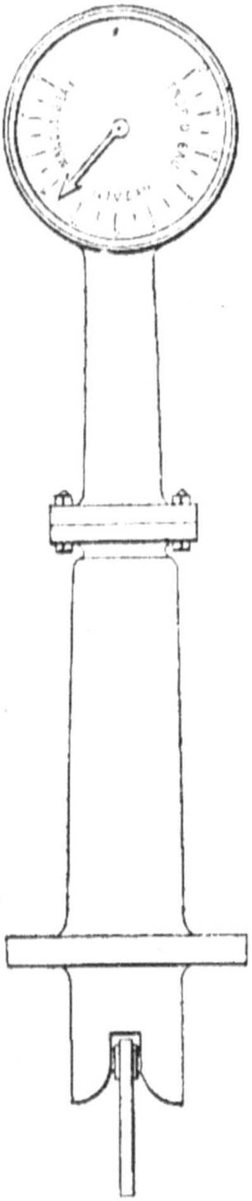

Fig. 33

Sur la tige est fixé en outre, à hauteur convenable, un collier portant un butoir *t*, qui peut venir heurter alternativement les bascules *b, b'* de deux sifflets, l'un de manque d'eau S, et l'autre de trop d'eau S', lorsque l'index mobile arrive aux deux extrémités de l'échelle graduée.

Il faut avoir soin que ce collier soit solidement fixé sur la tige, sans risquer de glisser le long de celle-ci ; car s'il se déplaçait, il pourrait entraver les mouvements de l'appareil.

Flotteur à cadran. — Ce flotteur ou *flotteur Chaudré* (fig. 32-33) utilise un autre moyen pour arriver à supprimer le presse-étoupe. Ici, la colonne qui contient le mécanisme est composée de deux parties distinctes, comme on le voit sur la coupe de l'appareil (fig. 32) ; l'une depuis la base de la colonne jusqu'au point C, est en communication avec l'intérieur de la chaudière ; l'autre, au-dessus de ce point, en est complètement séparée. La boule flottante M, quand elle monte ou descend, agit par l'intermédiaire du levier à fourche H, pour pousser vers la gauche ou vers la droite la tige rigide DE. Celle-ci est portée par le fond d'un tube métallique flexible A, auquel elle est fixée au point E. Ce tube est lui-même fixé à son extrémité B, dans la base séparative C des deux parties de la colonne. Lorsque l'extrémité inférieure de la tige rigide DE se meut vers la droite ou vers la gauche, son extrémité supérieure se meut vers la gauche ou vers la droite, et le tube flexible A prête de la quantité nécessaire, en se courbant, de manière à permettre ce mouvement de levier.

Le reste n'est plus qu'une question de mécanisme destiné à peindre aux yeux sous une forme commode, les déplacements de l'extrémité supérieure de la tige rigide. Cette extrémité agit à cet effet sur une rainure en hélice creusée à la surface d'un cylindre tournant ou tambour P ; celui-ci entraîne dans ses mouvements de rotation une aiguille R, qui se meut sur un cadran.

Il est important pour le bon fonctionnement de cet appareil, que rien n'altère ou n'entrave les flexions du tube A[28].

Flotteur d'alarme. — Quelquefois on munit les chaudières d'un *avertisseur* destiné uniquement à produire un sifflement en cas d'insuffisance de la hauteur d'eau dans l'appareil ; c'est alors un *flotteur d'alarme* dont un type est représenté par la figure 34.

---

28 C'est pourquoi il vaut mieux pour un appareil à flexion, que son ensemble soit monté au-dessus de la chaudière, comme celui de la figure, et ne soit pas d'un type pendentif, où du tartre peut venir s'accumuler autour des pièces.

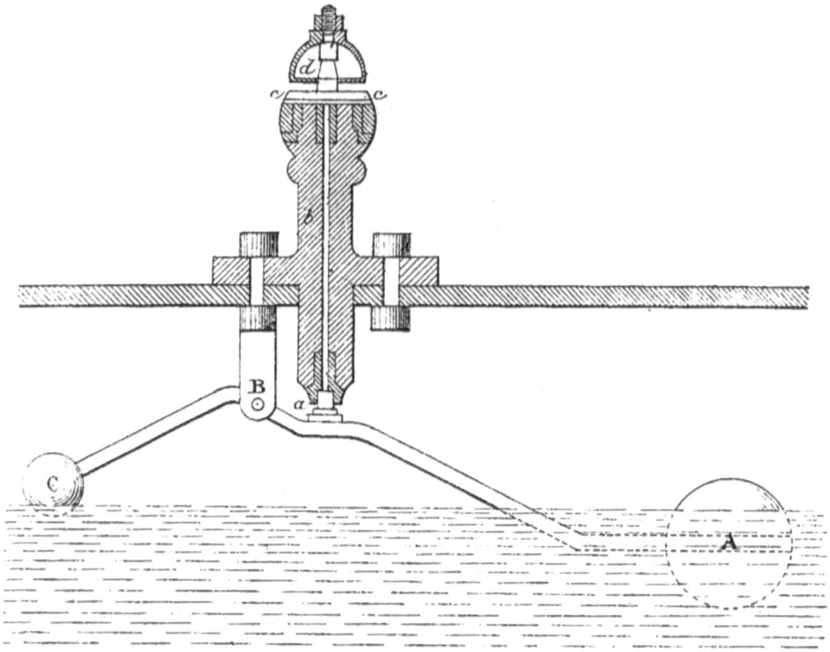

Fig 34

Cet avertisseur se compose d'une boule flottante A fixée à l'extrémité d'un levier coudé ABC, lequel porte à son autre bout un contrepoids C. Lorsque le niveau de l'eau se maintient dans la chaudière à une hauteur suffisante, ce flotteur qui tend à s'élever, tient la petite pièce conique *a*, pressée contre l'orifice inférieur du tube vertical *b*, et la vapeur n'a pas d'issue.

Mais si l'eau vient à baisser au-dessous de son niveau minimum, la boule flottante n'est plus soutenue par l'eau, et les poids sont tels que, si l'appareil est en bon état, le levier s'abaisse du côté de cette houle. Le conduit *b* se trouve alors débouché, et offre une issue à la vapeur qui s'échappe par l'ouverture annulaire *cc* ; c'est alors qu'elle rencontre le timbre métallique *d* par son contour aigu, et que celui-ci sous l'action du jet de vapeur se met à vibrer.

Les flotteurs sont, à un point de vue général, des appareils indicateurs sur lesquels il ne convient pas de se fier, étant donné qu'ils peuvent être sujets à des dérangements peu faciles à reconnaître, quand les chaudières sont en marche ; aussi doit-on fréquemment s'assurer de l'accord de leurs indications avec celles du tube de verre, quand ce dernier vient d'être bien purgé. Il faut d'ailleurs, pour que cet accord existe, que l'on ait eu soin de régler la longueur de la tige, de manière que l'horizontalité du levier, ou le zéro du cadran, corresponde au niveau normal. De plus il faut faire bien attention que ce réglage risque de s'altérer dans la suite, par exemple par la désagrégation des meules, ce qui les rend plus légères, ou au contraire par l'entartrement qui peut avoir lieu soit sur elles, soit sur les lentilles flottantes, et par conséquent les alourdir ; pour ces dernières, il y a lieu de surveiller les fissurations qui pourraient se produire et qui y laisseraient rentrer l'eau : Il y a donc lieu de faire de temps en temps à cet égard les vérifications utiles.

Robinets de jauge. — On donne le nom de *robinets de jauge* (fig. 35) à des robinets greffés sur une chaudière à diverses hauteurs, et que l'on ouvre pour voir s'ils donnent lieu à un échappement d'eau ou de vapeur ; d'on l'on conclut que le niveau de l'eau dans le générateur, est au-dessus ou au-

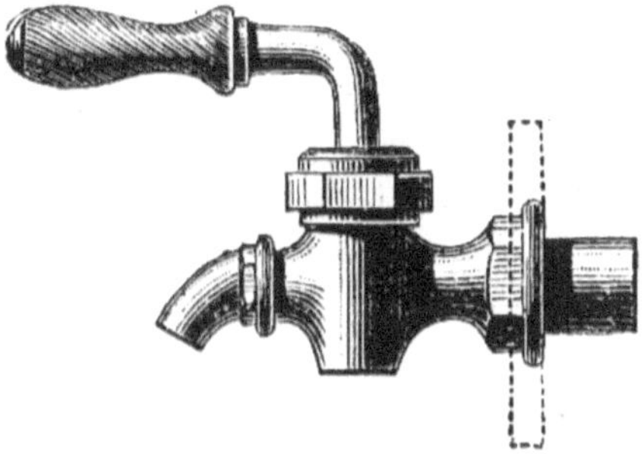

Fig. 35

dessous des hauteurs correspondantes. Lorsqu'on consulte bien ces appareils, en laissant chaque fois l'échappement se faire pendant un temps suffisant, et qu'on s'est exercé à bien distinguer l'eau de la vapeur, les robinets de jauge sont des appareils très utiles ; seulement ils ont l'inconvénient de ne pas donner d'indications permanentes, et leur présence sur une chaudière ne dispense pas le chauffeur d'entretenir constamment son tube de verre en bon état d'entretien et de fonctionnement continuel.

Je suppose là que chaque robinet de jauge puise l'eau ou la vapeur dans la chaudière, à la hauteur où il se trouve lui-même ; c'est le cas le plus ordinaire. Il y en a cependant aussi qui reçoivent l'eau ou la vapeur prise à un niveau différent, par un tuyau soit extérieur à la chaudière, soit même quelquefois intérieur ; cette dernière disposition est rare, mais il est bon cependant d'en signaler la possibilité afin que l'on s'en méfie[29].

Les robinets de jauge sont des *robinets ordinaires* généralement en laiton ; ils se composent essentiellement d'un tuyau horizontal ou recourbé, appelé canette, présentant un renflement à son milieu, lequel constitue la boîte ou boisseau ; cette partie est traversée verticalement par une noix ou clef consistant en un cylindre de métal percé d'une lumière. La clef du robinet est armée extérieurement d'une tête ou béquille au moyen de laquelle on peut la manœuvrer.

Lorsqu'on tourne la clef de manière que son plein corresponde au vide de la canelle, l'eau ou la vapeur de la chaudière ne peut s'écouler, tandis qu'elle s'échappe, au contraire, quand la clef est disposée de façon à ce que sa lumière corresponde avec l'axe de la canelle.

Un robinet de jauge unique ne renseigne pas suffisamment sur la hauteur de l'eau dans une chaudière ; ce qu'on doit regarder comme constituant un appareil indicateur de niveau, c'est un système de plusieurs robinets placés à des hauteurs différentes : ils sont généralement au nombre de deux ou de trois[30] ; *le robinet inférieur doit toujours donner de l'eau.*

Comme un robinet de jauge reste naturellement fermé, tant qu'on ne le consulte pas, il est essentiel, pour qu'il soit toujours en état de servir, de le purger fréquemment, sans quoi il s'entartre.

Indicateurs de Pression.

Manomètres. — On donne le nom de manomètres aux appareils indicateurs de la pression. Tous ceux dont on munit maintenant les chaudières à vapeur, se présentent sous la forme d'une boîte ronde, ayant sur l'une de ses faces circulaires un cadran divisé, sur lequel se meut une aiguille indiquant la pression. Le mécanisme intérieur qui fait mouvoir l'aiguille, varie plus ou moins suivant les types d'appareils, mais le principe est toujours le suivant : on fait agir la pression sur un organe métallique doué d'élasticité et qui, par conséquent, se déforme d'une quantité plus ou moins grande, suivant que

29 Voir dans l'Introduction, page xvi, à quelles conditions on peut considérer comme sures les indications des robinets de jauge.

30 Sur les chaudières des bateaux, il doit toujours y en avoir trois.

la pression est plus ou moins forte : ce sont les déplacements de cette pièce élastique qui sont traduits par l'aiguille.

Manomètre Bourdon. — Le type de manomètre le plus répandu est celui dû à M. *Bourdon* (fig. 36-37).

Dans cet appareil, l'organe élastique est une spirale creuse B, dont la section transversale est une sorte d'ellipse très aplatie, comme on le voit par la coupe (fig. 37). Cette spirale creuse est fermée en cul de sac à son extrémité C, tandis qu'au contraire elle reçoit la pression à l'intérieur, par son autre extrémité ouverte A. Ainsi c'est uniquement dans l'intérieur de la spirale

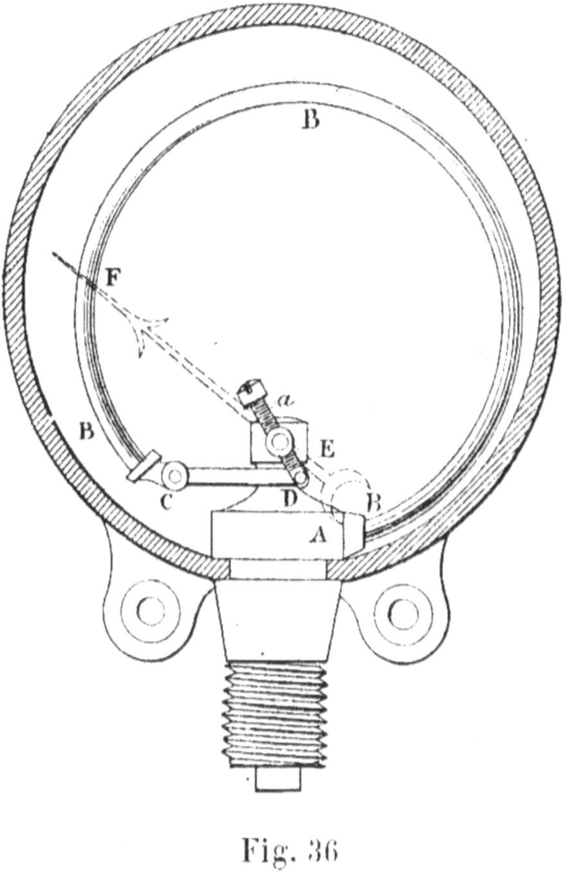

Fig. 36

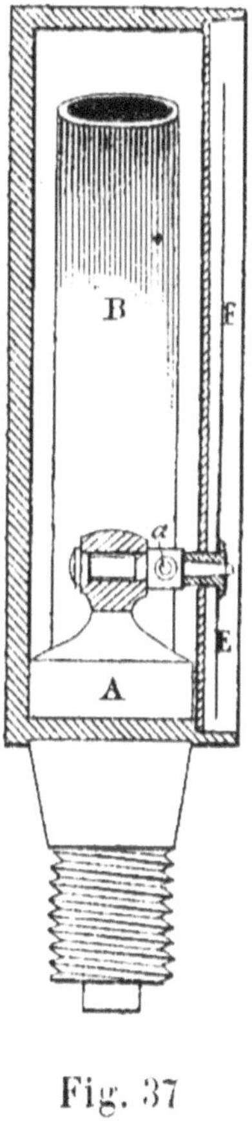

Fig. 37

creuse B, que la pression est admise et qu'elle agit. Cette pression a pour effet de tendre à dérouler la spirale et par conséquent, puisque l'extrémité A est fixe, à écarter vers la gauche l'extrémité C. Donc, suivant que la pression sera plus ou moins forte, l'extrémité C s'écartera plus ou moins vers ce côté. On comprend facilement en regardant la figure 36 comment les déplacements du point C, transmis par la petite bielle CD, font tourner l'axe qui porte l'aiguille indicatrice EF.

Manomètre Ducomet. — Dans cet appareil (fig. 38-39), la pression agit à l'intérieur d'une capsule B formée d'une feuille mince de cuivre, sur laquelle repose un bouton C attaché à un ressort DEFG dont le sommet H est fixe. Suivant que la pression est plus ou moins forte, elle gonfle plus ou moins la capsule B, en repoussant le ressort. Ce sont alors les déplacements du bouton

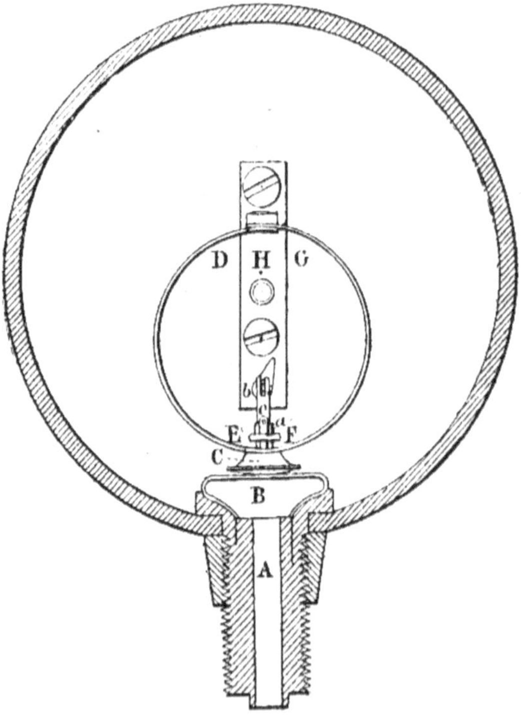

Fig. 38

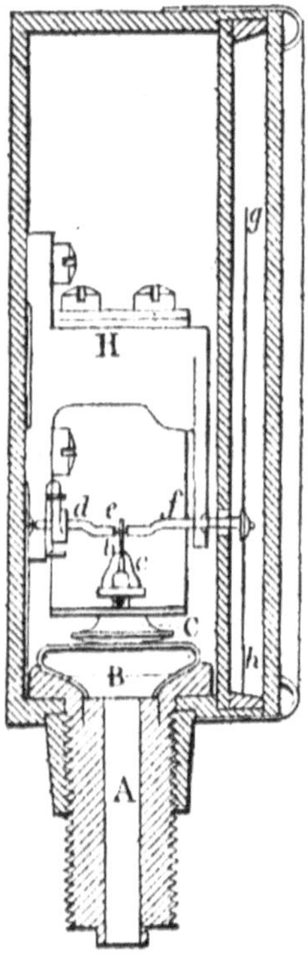

Fig. 39

C qu'il faut amplifier et traduire par les mouvements de l'aiguille indicatrice. A cet effet, la partie supérieure de cet organe agit sur une petite bielle à fourche *bc*, dont la fourche actionne le vilebrequin *def*, sur l'axe de rotation duquel l'aiguille *gh* est montée.

Le tuyau allant d'une chaudière à un manomètre pour amener la pression, est ordinairement recourbé de façon à présenter une région basse : c'est afin que l'eau provenant du refroidissement de la vapeur dans ce tuyau (eau de condensation) s'y accumule et y séjourne, et qu'ainsi ce soit de l'eau et non de la vapeur qui emplisse la pièce élastique du manomètre et lui transmette la pression. Cela revient au même, au point de vue de la pression et des indications immédiates de l'appareil ; mais la température de cette eau de condensation est moindre que ne serait celle de la vapeur, et l'instrument est placé de la sorte dans de meilleures conditions de conservation ; de plus, ce coude sert à recueillir les matières terreuses qui pourraient être entraînées par la vapeur et qui s'y déposent sous forme de boue.

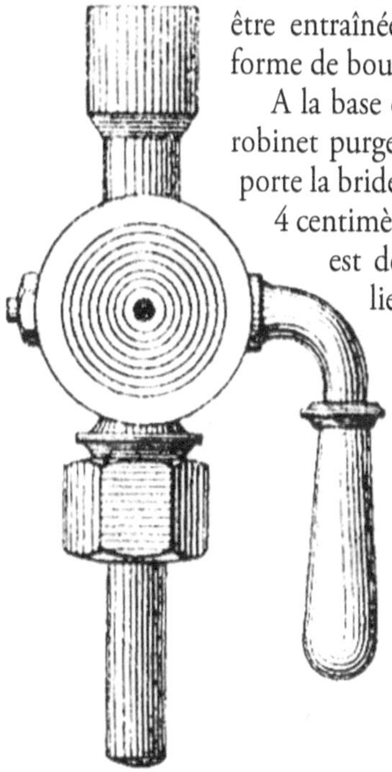

Fig. 40.

A la base de l'instrument se trouve ordinairement un robinet purgeur à trois voies[31], dont la tubulure latérale porte la bride représentée sur la figure 40. Cette bride, de 4 centimètres de diamètre et 5 millimètres d'épaisseur, est destinée à adapter à l'appareil, lorsqu'il y a lieu, un manomètre vérificateur ou *manomètre étalon*, tel que ceux dont sont porteurs, au cours de leurs tournées, les Ingénieurs et Contrôleurs des Mines. A cet effet le manomètre étalon est lui-même muni d'une bride de même diamètre, et l'on fait l'assemblage au moyen d'un *serre-joint à vis* (fig. 41), en appliquant les deux brides l'une contre l'autre, avec interposition d'une rondelle annulaire de cuir ou de caoutchouc, percée d'un trou central ; il faut avoir soin que la rondelle laisse bien libre l'orifice du robinet purgeur.

Les manomètres sont des instruments susceptibles de se fausser ; il faut le savoir

31 Robinet dont la clef est percée de manière à correspondre à trois directions différentes.

afin de s'en méfier. Quand l'aiguille cesse de revenir exactement au zéro de la graduation lors des arrêts de la chaudière, c'est signe que l'appareil n'est plus en parlait état ; quand elle y revient bien, il y a chance pour que le manomètre soit bon, sans cependant que cette indication ait une valeur absolue.

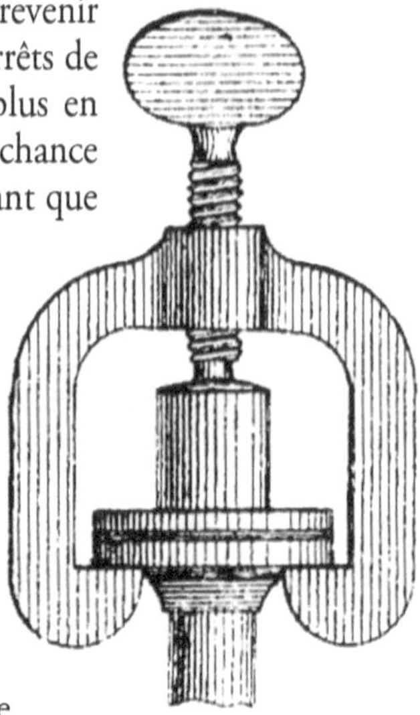

Fig. 41

Rappelons que le chauffeur ne doit jamais, sous aucun prétexte, faire fonctionner une chaudière à une pression supérieure à celle marquée par l'*index de pression maximum* (ordinairement une flèche rouge) tracé sur l'échelle du cadran.

Les manomètres doivent être placés autant que possible sur les chaudières ou tout au moins près d'elles ; on doit aussi ne pas oublier de les purger de temps à autre (en général une fois par jour), car sans cela ils s'encrasseraient, ce qui fausserait leurs indications.

Soupapes de sûreté. — Les soupapes de sûreté servent d'une part à indiquer au chauffeur que la pression limite est atteinte, ce qui double et contrôle le manomètre à ce point de vue ; d'autre part à évacuer automatiquement une partie au moins de la vapeur en excès, dès que la pression s'élève au-dessus du maximum marqué par le timbre de la chaudière.

Soupapes à poids. — Une soupape de sûreté consiste essentiellement en un clapet qui, dans sa position normale, ferme une tubulure montée sur le générateur. Ce clapet est appliqué sur son siège par une force de grandeur déterminée, produite soit par un poids, soit par un ressort. En sens inverse de cette force, la pression qui existe à l'intérieur de la chaudière tend à soulever le clapet. Tant que la pression existant dans l'appareil reste inférieure à une certaine limite, la première action prédomine, et le clapet reste appliqué sur son siège. Mais, si la tension s'élève, il arrive un moment où la force exercée par celle-ci surmonte la résistance due au poids ou au ressort, et la soupape se soulève. Une soupape reposant (comme cela a toujours lieu pratiquement), sur un siège horizontal, pourrait en principe être chargée directement par un poids posé sur elle ; mais il est facile de se rendre compte qu'on serait dans la

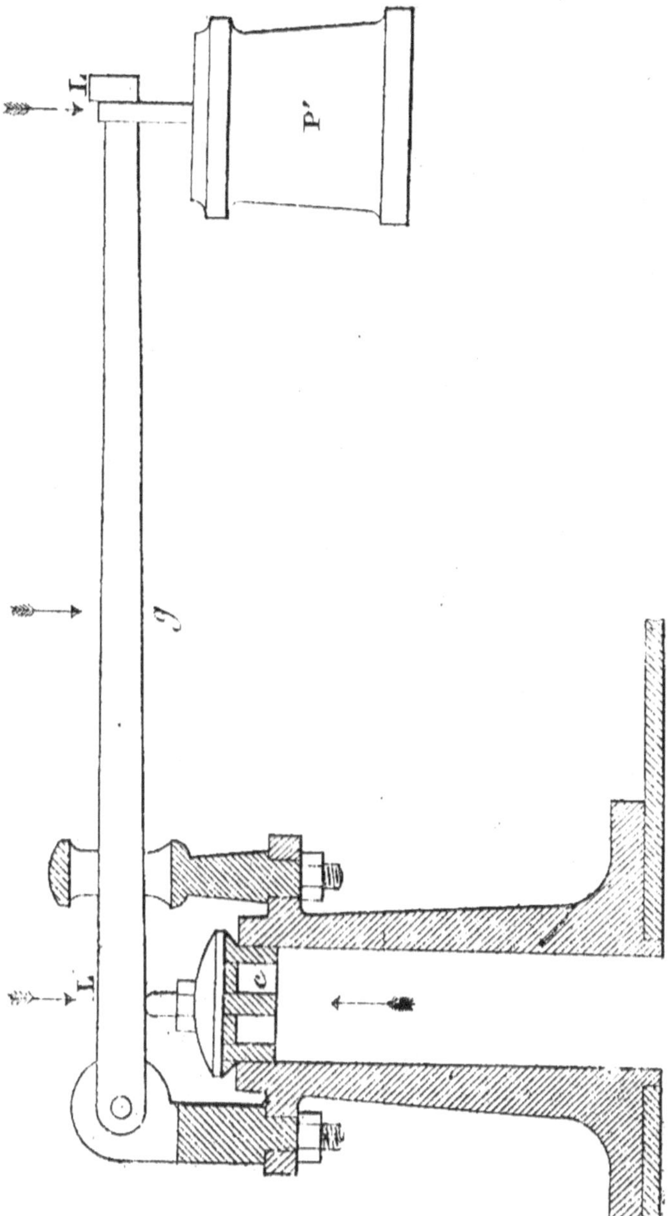

Fig. 42

plupart des cas, conduit à donner ainsi au poids une valeur si considérable, que cet indicateur serait encombrant et incommode. Ainsi supposons qu'on ait sur une chaudière timbrée à 7^k une soupape dont le clapet ait 6 centimètres de diamètre ; la surface de ce clapet est de 28 centimètres carrés, et par conséquent une pression effective de 7^k agit pour le soulever avec une force de $28 \times 7 = 196^k$. Si on voulait le charger directement par un poids, il faudrait donc le surmonter d'un poids de 196 kilogrammes ; or pour guider dans ses mouvements l'appareil ainsi constitué, pour en assurer l'entretien, etc., une pareille disposition ne serait guère pratique.

Aussi, très généralement, un clapet de soupape est-il chargé par un levier à l'extrémité duquel agit un contre-poids : la figure 42 représente cette disposition. Le clapet *c* reposant sur son siège par une zone annulaire étroite, est muni à sa partie inférieure d'ailettes destinées à le guider dans son mouvement lorsqu'il s'élève, et à le faire revenir exactement sur son siège lorsqu'il retombe. Sur le clapet repose un pointeau dont le dessin montre la partie supérieure, et sur lequel appuie le levier LL. Ce levier, articulé sur un axe fixe à l'une de ses extrémités, est chargé, à son autre bout, par le contre-poids P'. Or, il résulte d'une propriété générale des leviers, que s'il y a par exemple , de l'axe au point de suspension du contre-poids, huit fois la distance de l'axe au pointeau, le poids P' agit pour appliquer le clapet sur son siège huit fois plus, que s'il était directement adapté au clapet. Si la distance de l'axe au contre-poids vaut douze fois la distance de l'axe au pointeau, l'action exercée par le poids P' sur le clapet est aussi forte que celle d'un poids égal à douze fois le poids P', et pesant directement sur le sommet du pointeau ; ainsi de suite[32].

D'après ce qui précède, on voit que l'on peut employer des contre-poids de masse modérée, tout en obtenant la charge voulue sur les soupapes. Il résulte même de ces explications que l'on peut en certains cas faire varier leur charge sans changer de contre-poids : il suffit en effet d'avancer ou de reculer celui-ci sur le levier, de manière à faire varier le rapport du *grand bras de levier* (distance de l'axe au point de suspension du contre-poids) au *petit bras de levier* (distance de l'axe au pointeau).

Toute chaudière est munie de deux soupapes[33]. Il convient de vérifier de temps en temps pour chacune d'elles, si le clapet n'est pas collé sur son siège, et si le levier est bien libre dans son jeu : à cet, effet, on soulève légèrement à la main le levier, de manière à soulager la soupape et à lui permettre de laisser

32 Assez souvent le grand bras de levier vaut 10 fois le petit.

33 C'est un minimum, mais il peut y en avoir plus dans certains cas.

échapper, pendant quelques instants, un peu de vapeur. Cette opération demande à être faite prudemment : il faut agir sur le levier lui-même et non pas sur le contrepoids, car on risquerait en soulevant ce dernier, de faire sortir sa chape de suspension de la place qu'elle occupe sur le levier (elle y est généralement engagée dans une encoche). Si la chape ainsi déplacée glissait le long du levier en se rapprochant de l'axe, ce serait déjà un inconvénient, ou même un danger, car le rapport des bras de levier se trouvant tout à coup modifié, il pourrait arriver que la soupape fût trop déchargée et donnât lieu à un échappement de vapeur excessif. Mais le mal serait surtout grand, si la chape soulevée, passait par dessus le mentonnet qui termine le levier à son extrémité : le contre-poids se trouverait en ce cas détaché du levier, la soupape n'aurait plus de charge, se lèverait violemment, et l'échappement de vapeur désordonné qui en résulterait pourrait brûler le chauffeur de la manière la plus grave.

En outre, lorsqu'on soulève le levier d'une soupape, il faut le faire progressivement, et s'arrêter dès que le clapet donne issue à un mince échappement de vapeur ; car si l'on permettait au clapet de se lever trop en grand, le courant de vapeur qui s'établit, pourrait dans certains cas entraîner et pour ainsi dire aspirer l'eau de la chaudière, et l'on pourrait craindre de voir se produire le phénomène connu sous le nom de «trombe d'eau par les soupapes de sûreté », phénomène violent et capable de causer aux chauffeurs des brûlures mortelles.

Quand une chaudière possède à la fois un manomètre en bon état et des soupapes bien réglées et bien entretenues, celles-ci ne doivent donner lieu à aucun échappement de vapeur tant que la pression indiquée par le manomètre est notablement inférieure à la pression du timbre ; quand au contraire l'aiguille arrive à l'index de la pression maximum, ou mieux un peu avant, elles doivent souffler.

Pour qu'une soupape soit étanche tant que la pression ne la soulève pas, il faut qu'elle s'applique exactement sur son siège. À cet effet, on a soin de la roder de temps en temps, c'est-à-dire de dresser les deux surfaces en contact en les usant légèrement comme il sera dit plus loin[34].

Une soupape bien construite, en bon état d'entretien et bien réglée comme charge, doit se soulever graduellement, fusant d'abord un peu avant que la pression atteigne la limite du timbre, pour se lever en plein si celle-ci venait (ce qui ne doit pas avoir lieu) à être dépassée.

34 Voir le chapitre XI : Réparations courantes.

Il peut arriver, pour une raison ou pour une autre, et quelquefois pour une raison voulue, que les soupapes de sûreté se lèvent avant que la pression du timbre soit atteinte : lorsqu'il en est ainsi le chauffeur doit à ce moment diminuer l'activité de son feu, surtout s'il a un plan d'eau un peu élevé. Mais en aucun cas et sous aucun prétexte, il ne doit poser un objet quelconque sur les contre-poids ou les leviers de ses soupapes.

En effet, il résulte de ce que j'ai dit précédemment, qu'une surcharge ainsi placée, peut produire un résultat beaucoup plus grand que ce que le chauffeur pourrait croire par suite des propriétés du levier. Il s'exposerait donc ainsi à surcharger ses soupapes, ce qui est bien entendu une imprudence et une contravention graves.

Quant au calage des soupapes de sûreté, je n'ai même pas à m'y arrêter : il équivaudrait à la suppression complète de ces appareils, et c'est un acte que jamais un ouvrier digne de ce nom ne doit commettre.

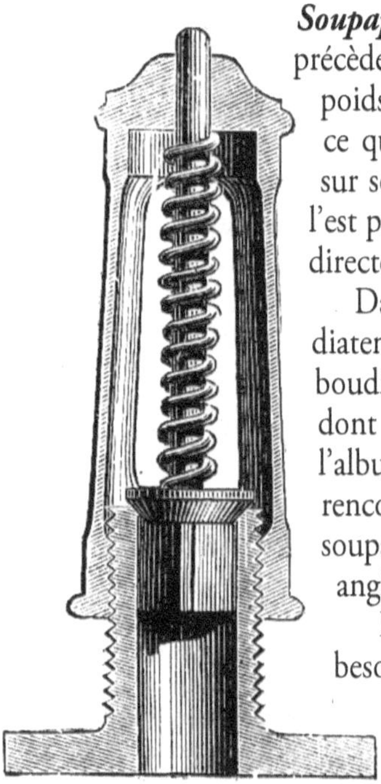

Fig. 43

Soupapes à ressort ; Balances. — Dans ce qui précède, j'ai supposé les soupapes chargées par des poids. Les soupapes à ressort n'en diffèrent qu'en ce que la force agissant pour appliquer le clapet sur son siège, au lieu d'être exercée par un poids, l'est par un ressort. Celui-ci peut d'ailleurs agir soit directement, soit par l'intermédiaire d'un levier.

Dans le premier cas le clapet peut être immédiatement surmonté d'un puissant ressort à boudin ; cette disposition et d'autres équivalentes dont la figure 43 représente un type emprunté à l'album de la maison *Broquin, Muller et Roger*, se rencontre dans un certain nombre de systèmes de soupapes, en particulier dans des types d'origine anglaise.

Dans le second cas, le ressort a naturellement besoin d'une force beaucoup moins considérable : l'appareil est disposé comme la soupape à levier et contre-poids que nous avons étudiée précédemment, à cela près que le contre-poids est remplacé par un ressort à boudin qui tire vers le bas l'extrémité du levier.

L'ensemble de ce dispositif représenté par les figures 44 et 45 prend le nom de balance.

Dans cet appareil le ressort à boudin R, abrité dans une gaine de cuivre GG', est attaché à un point fixe par son extrémité inférieure *i* ; par son extrémité supérieure *s*, il est attaché à une tige filetée T qui traverse un oeil percé dans le levier L ; au-dessus, cette tige porte un écrou *e*.

Quand on visse l'écrou, celui-ci (comme la figure le fait bien comprendre) prend appui sur le levier et force la tige filetée à s'élever, ce qui allonge le ressort, et ce dernier se tend en conséquence : on peut donc en vissant ou en dévissant l'écrou, régler la soupape pour une pression plus ou moins grande[35].

L'indication de cette pression est donnée de la manière suivante :

La gaine de cuivre GG' est en deux parties emboîtées et glissant l'une par rapport à l'autre, comme des sections d'un tube de télescope ; l'une de ces parties (celle du bas) est fixe, l'autre (celle du haut) se déplace avec l'extrémité mobile du ressort à boudin ; c'est la quantité dont cette seconde partie démasque la première, qui sert à fournir les indications voulues au moyen d'une graduation empirique tracée sur la section inférieure G'.

Dans quelques balances, la gaine de cuivre est tout d'une pièce, et porte une fenêtre verticale le long de laquelle se meut un index solidaire d'une des spires du ressort ; la position de l'index le long de cette fenêtre, qui porte une graduation, indique la pression pour laquelle le ressort est tendu.

Il arrive que la force d'un ressort ainsi employé s'altère par l'usage ; aussi ne faut-il pas attribuer une valeur certaine aux indications de la graduation.

On a vu que plus on serre l'écrou *e* placé en haut de la tige filetée T, plus on accroît la charge de la soupape. Lorsque la gaine de cuivre est formée de 2 parties télescopiquement emboîtées, la partie supérieure qui participe aux mouvements de l'extrémité mobile du ressort, se rapproche naturellement du levier, à mesure que l'on serre l'écrou. En interposant entre le haut de la gaine de cuivre ainsi faite et le levier, autour de la tige filetée, un bout de tube de longueur convenable, on empêche le rapprochement de pouvoir devenir excessif et par conséquent on s'oppose à ce que la soupape puisse être chargée outre mesure : le bout du tube en question prend le nom de bague d'arrêt.

---

35 Les ressorts de balances travaillent comme les pesons dynamométriques agissant par extension ; celui de la soupape à charge directe représentée par la figure 43 agit au contraire par compression.

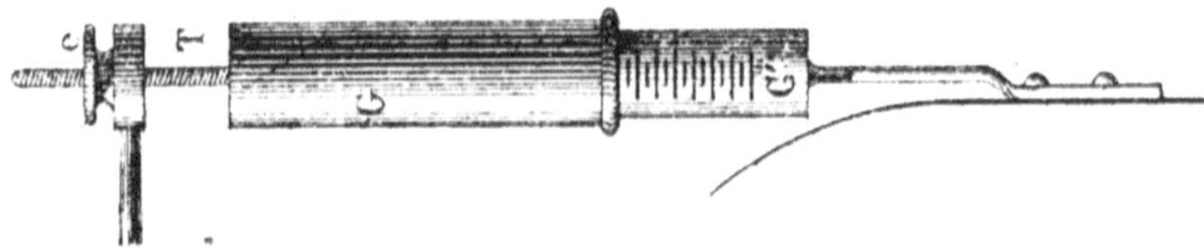

Fig. 45

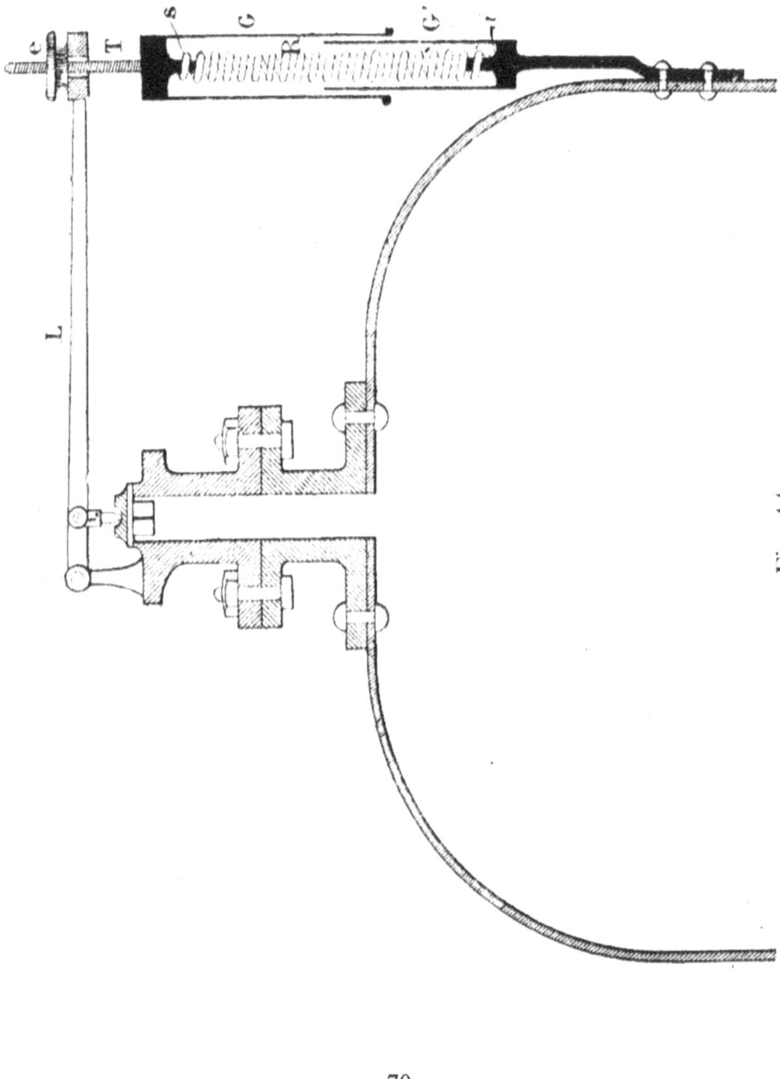

Fig. 44

L'adaptation de cet organe additionnel aux balances est une excellente mesure, que les règlements rendent obligatoire dans certains cas, mais qui est utile dans tous.

Les soupapes à ressort sont généralement employées à l'exclusion des soupapes à poids sur les chaudières locomotives, parce que la trépidation ne laisserait pas une action régulière aux contre-poids, qu'elle ferait continuellement danser ; elles sont également très usitées sur les chaudières locomobiles.

Il va sans dire que toutes les observations relatives au rodage des clapets, ainsi qu'aux vérifications diverses, s'appliquent aux soupapes à ressort, comme aux soupapes à poids. En particulier, il y a lieu de s'assurer que la force du ressort correspond suffisamment bien avec la graduation de l'échelle.

Bouchons fusibles. — Arrivons maintenant aux appareils de sûreté, que j'ai appelés de 2e catégorie ; et parlons d'abord des *bouchons fusibles*.

Ces indicateurs sont des appareils auxiliaires destinés, lorsqu'ils fonctionnent bien, à prévenir le danger que présente la surchauffe d'une tôle de chaudière, surtout en cas de manque d'eau.

Leur principe est le suivant :

Pour éviter qu'une paroi soit portée à une température supérieure à une limite donnée, on y perce un trou, et l'on bouche cet orifice par une matière métallique qui fond à la température en question.

Si la température de la paroi et par conséquent du bouchon fusible excède cette limite, le bouchon fond, et le trou donne issue à la vapeur ou à l'eau. Lorsque l'orifice ainsi pratiqué est de diamètre suffisant, il peut survenir un abaissement de pression qui met fin au fonctionnement de la chaudière ; dans tous les cas, il en résulte un avertissement pour le chauffeur.

Les bouchons fusibles que l'on emploie aujourd'hui sont en plomb ; ils fondent, par conséquent, vers 334°, température élevée, mais inférieure cependant à celle qui fait rougir la tôle. En conséquence, certaines chaudières portent un plomb de ce genre sur celle de leur paroi qui est exposée à rougir la première en cas de manque d'eau : par exemple au ciel de foyer pour les chaudières locomotives. La figure 46 en représente un spécimen employé sur le réseau de l'Est : les mécaniciens les appellent « des *plombs de sûreté* », ou par abréviation «*des plombs* ».

Pour plus de commodité le trou A qui reçoit le plomb n'est pas directement percé dans la tôle du ciel du foyer : ce trou est un orifice ménagé dans l'axe d'une pièce B en fer, filetée extérieurement et vissée dans la paroi que l'on veut protéger.

Lorsque l'eau vient à s'abaisser de manière que le ciel du foyer soit découvert, le plomb aura, d'après ce qui précède, chance de fondre, avant que la tôle soit rouge. Si alors, sa fusion a pour effet de déboucher suffisamment l'orifice, il se produira un échappement de vapeur, qui avertira le chauffeur, et ce dernier jetant aussitôt son feu, on aura une simple détresse de locomotive au lieu d'une explosion.

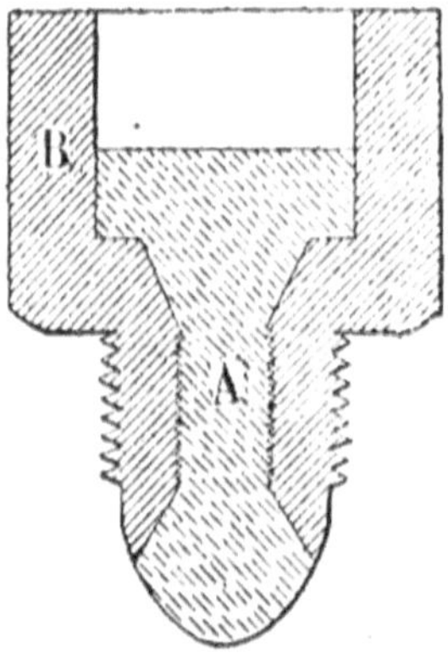

Fig. 46

Mais faisons attention à la réserve qui précède : il n'est pas certain que la fusion du plomb suffira à ouvrir le passage de la vapeur ; cela n'aurait pas lieu par exemple, si sur sa face supérieure le plomb de sûreté était incrusté de tartre. C'est pourquoi il ne faut jamais compter sur le fonctionnement de pareils dispositifs, et rien ne saurait dispenser le chauffeur de veiller avec un soin de tous les instants à la bonne conduite de sa chaudière.

Les générateurs *Belleville* sont ordinairement munis de *chevilles fusibles* placées sur un certain nombre de *boîtes de raccordement* de leur faisceau de tubes ; ces chevilles se trouvent sur les boîtes d'une rangée inférieure et sur celles d'une rangée supérieure[36].

Dans chacune de ces boîtes est pratiqué un trou de petit diamètre, normalement bouché par une cheville en plomb que l'on pose à l'aide d'un instrument spécial ; leur fusion indique au chauffeur que les boîtes correspondantes ont été portées à une température exagérée.

Mais ces chevilles comportent la même observation que les plombs de sûreté des locomotives : on ne peut compter sur leur jeu, car par l'effet du tartre ou d'autres causes, il peut arriver qu'elles ne remplissent pas leur office. En outre, il va sans dire qu'elles ne constituent qu'un dispositif d'avertissement : quand le chauffeur entend le bruit de la vapeur s'échappant dans l'intérieur du fourneau, c'est qu'il y a des chevilles fondues ; il doit prendre alors, à cet indice de surchauffe, les mesures de sûreté et de prudence nécessaires ; mais il ne faut pas qu'il ouvre les portes de devanture, car ce serait à ce moment

36 Ces chevilles sont représentées par la lettre B sur la figure 16.

surtout une grave imprudence, dont il risquerait d'être lui-même la victime, ainsi que cela est arrivé[37].

Clapets d'arrêt de vapeur. — Lorsque plusieurs chaudières sont en communication de vapeur (par exemple lorsqu'elles fournissent leur vapeur à une même conduite générale), les tuyaux de vapeur sont en certains cas munis de clapets automatiques d'arrêt. Un *clapet d'arrêt de vapeur* est un appareil destiné à fermer ou à étrangler automatiquement le conduit sur lequel il est interposé, dans le cas où, par suite de l'explosion d'une des chaudières, ou de la rupture d'une pièce de tuyauterie, il tendrait à se produire dans ce conduit un courant de vapeur anormal.

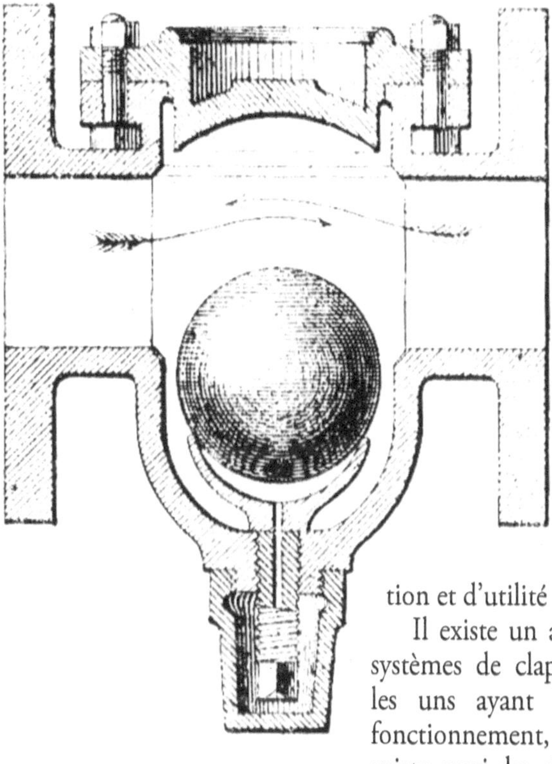

Fig. 47

Un clapet de ce genre peut être disposé de manière à venir étrangler le conduit, si le courant de vapeur change de sens ; il peut aussi être disposé de manière à produire ce résultat, si le courant, sans changer de sens, prend une vitesse désordonnée. Ce sont deux modes de fonctionnement distincts, correspondant à des conditions différentes d'installation et d'utilité éventuelle.

Il existe un assez grand nombre de systèmes de clapets d'arrêt de vapeur, les uns ayant le premier mode de fonctionnement, les autres le second. Il existe aussi des clapets qui ont à la fois, au moins dans une certaine mesure, les

37 Il faut bien se garder, par conséquent, de chercher à remplacer à ce moment les chevilles fondues.

deux modes de fonctionnement ; c'est le cas de celui représenté par la figure 47.

Ce clapet, du système *Labeyrie*, est constitué par un boulet qui, en temps normal, est dans la position représentée par la figure ; le courant de vapeur habituel qui circule dans la conduite n'a pas sur lui une action suffisante pour le déplacer ; mais s'il vient à prendre une vitesse exagérée, soit dans un sens, soit dans l'autre, le boulet se trouve entraîné et vient boucher le conduit.

Pour que cet effet se produise, lorsque la vitesse du courant atteint telle ou telle valeur, il est essentiel que le boulet soit placé à une hauteur convenable sur son chemin ; c'est pourquoi il repose à l'intérieur de sa boîte, comme le montre la figure, sur un support ou hausse que l'on peut élever plus ou moins, en agissant de l'extérieur de l'appareil sur la tête d'une tige filetée.

Si, pour une raison ou pour une autre, au cours du fonctionnement d'une batterie de chaudières, un ou plusieurs clapets d'arrêt de vapeur viennent à se fermer, les chaudières qui se trouvent ainsi isolées de la conduite générale, n'ayant plus d'issue pour leur vapeur, tendront à monter en pression. Il faut donc que le chauffeur, en pareil cas, prenne aussitôt les mesures nécessaires pour éviter que la limite du timbre soit dépassée.

CHAPITRE V

CONDUITE DES CHAUDIÈRES

Le fonctionnement d'une chaudière à vapeur[38] comporte trois opérations, d'abord la mise en pression, c'est-à-dire l'obtention de la pression nécessaire pour le travail à effectuer ; ensuite le maintien de cette pression au point voulu, quelles que soient les variations de ce travail ; enfin, quand il vient à cesser, il faut que l'on prenne à ce moment les mesures nécessaires.

De là trois parties distinctes dans le service des chauffeurs, la *mise en marche*, la *conduite* et les *arrêts*.

Mise en marche. — Le premier soin du chauffeur avant d'allumer le feu doit être de s'assurer par une purge méthodique du tube, et par la consultation des robinets de jauge s'il y en a, que la chaudière contient une quantité d'eau suffisante, car s'il venait à la chauffer sans que cette condition fût remplie, il s'exposerait à en surchauffer les parois. Il doit avoir soin, à la suite de cette opération, de bien placer les robinets de communication d'eau et de vapeur du tube de verre dans la position ouverte.

Cela fait, le chauffeur décrasse la grille lorsqu'il y a lieu, vide le cendrier, et en garnit d'eau la cuvette.

Ensuite il place sur la grille soit des copeaux, soit des chiffons gras, soit un peu de paille avec des brindilles ou quelques morceaux de bois facilement

38 Voir l'Introduction, pages iii et vi.

inflammables, recouvre le tout d'une ou deux pelletées de combustible, puis il procède à l'allumage. Il tient fermée la porte du foyer, laisse entrouverte celle du cendrier et a soin que le registre soit ouvert.

Aussitôt que le tirage est convenablement établi et que le feu brûle bien, il achève de charger le foyer en ajoutant peu à peu la quantité de combustible nécessaire, de manière que la grille soit recouverte d'une couche régulière de matières en ignition.

Si le combustible employé est de la houille tout venant ou des briquettes, il faut que celles-ci, ou les gros morceaux de charbon, aient été cassés au préalable en fragments de la grosseur du poing, et l'épaisseur de la couche, foisonnement compris, ne doit pas dépasser douze à quinze centimètres. Lorsqu'on chauffe au coke l'épaisseur peut être un peu plus grande, ce combustible donnant moins de flamme, et ne brûlant bien que lorsqu'il y en a sur la grille une hauteur suffisante. Avec le bois, on varie entre trente et quarante centimètres, mais pour cela il faut des foyers construits en conséquence, c'est-à-dire à chambre de combustion élevée.

Il est prudent de ne pas trop accélérer l'allure du feu en commençant, surtout si l'eau de la chaudière est tout à fait froide, afin d'éviter les effets fâcheux que pourrait provoquer une dilatation brusque des tôles.

Conduite de la marche. — La surveillance de l'alimentation est une des fonctions les plus sérieuses et les plus délicates du chauffeur, car selon qu'il alimente trop ou trop peu, il risque d'occasionner soit des entraînements d'eau nuisibles aux machines, soit des accidents encore plus dangereux, coups de feu et explosions.

Il doit donc faire en sorte que le niveau de l'eau dans la chaudière soit maintenu constamment à une hauteur convenable, de telle façon qu'il n'y en ait pas trop, mais surtout que jamais en aucune circonstance il n'y en ait trop peu.

A cet effet le tube indicateur en verre étant en parfait état et fréquemment purgé, il faut gouverner l'appareil, ou les appareils d'alimentation, de façon que l'eau se montre constamment à bonne hauteur dans le tube. Il doit y avoir près de cet indicateur, comme je l'ai expliqué au chapitre IV, un index, flèche ou trait, correspondant au niveau minimum[39] au-dessous duquel l'eau ne doit

39 Comme nous l'avons vu, pour les chaudières de bateau, l'index du niveau minimum est remplacé par un index du niveau moyen de l'eau, lequel est établi à 10 centimètres au-dessus du plan supérieur de chauffe.

jamais descendre dans la chaudière, et qui est placé à 6 centimètres au-dessus de la partie la plus élevée de la surface de chauffe ; or il faut s'arranger pour que le niveau de l'eau soit toujours un peu plus haut que cet index.

Le tube en verre doit être l'objet d'une attention continuelle de la part du chauffeur. Quand il voit l'eau osciller dans cet appareil, c'est ordinairement signe qu'il est en bon état de fonctionnement ; toutefois ce signe n'est pas une preuve absolue et rien ne dispense cet ouvrier de s'assurer périodiquement du bon état du tube par une purge bien faite[40].

Quand on voit l'eau immobile dans le tube, il y a lieu de craindre qu'une de ses communications avec la chaudière soit obstruée en tout ou en partie ; il faut aussitôt s'en assurer par une purge à fond.

Il faut aussi vérifier fréquemment que le second indicateur du niveau de l'eau, est de son côté en bon état de fonctionnement, et donne des indications en concordance avec celles du tube, quand ce dernier a été récemment purgé.

Tout désaccord entre les deux appareils indicateurs du niveau de l'eau doit être considéré (dans le cas bien entendu où ces appareils ont été bien réglés) comme l'indice du dérangement de l'un d'eux, et l'on doit immédiatement chercher à s'en rendre compte.

Le chauffeur doit s'assurer de temps en temps que ses appareils alimentaires fonctionnent bien[41] ; surtout s'il a affaire à une alimentation continue; en effet, il ne suffit pas que ces appareils donnent de l'eau, mais encore il faut qu'ils en donnent suffisamment[42], pour répondre aux besoins de la consommation de

---

40 Voir la purge méthodique décrite dans l'Introduction, page xiii.

41 Rappelons que pour les chaudières de bateau, ainsi que pour celles qui fonctionnent sur la voie publique à Paris, les règlements prescrivent qu'il y ait deux appareils alimentaires, dont l'un doit être indépendant de la machine motrice.

Pour les autres chaudières, bien que les règlements soient muets à cet égard, il serait bon qu'elles soient toujours munies d'un appareil alimentaire de secours.

42 Les petits chevaux sont notamment très à surveiller à cet égard, parce que leur débit dépend à la fois du bon fonctionnement de leur pompe, et de l'allure à laquelle ils marchent et qui est susceptible de varier. Mais les pompes elles-mêmes, aussi bien celles des petits chevaux que celles qui sont menées par les machines motrices, peuvent avoir leur bon fonctionnement compromis par des circonstances diverses ; de sorte que l'allure à laquelle marche un petit cheval ne suffit pas à prouver comment il débite, et qu'avec aucun appareil alimentaire il ne faut négliger de contrôler les effets du jeu de cet appareil, par l'observation et la consultation fréquente des appareils indicateurs du niveau de l'eau de la chaudière.

Quand un appareil alimentaire puise l'eau dans une bâche ou un réservoir supérieur, on doit s'assurer, au commencement de chaque période de travail, que cette bâche ou ce réservoir est dûment approvisionné d'eau, et ensuite, au cours du travail, veiller à ce que l'eau s'y renouvelle bien d'une manière continue, ou y soit renouvelée à intervalles suffisamment vapeur de l'usine ; et il le constatera en s'assurant, au moyen des indicateurs du niveau de l'eau, que les appareils alimentaires produisent bien sur le niveau réel dans la chaudière les effets qu'il en attend.

Passons maintenant à la conduite du feu, qui n'est pas aussi simple qu'on pourrait le croire, car il ne suffit pas de jeter du charbon sans méthode sur une grille pour obtenir une bonne vaporisation.

Voici d'ailleurs comment s'exprime à cet égard M. Haton de la Goupillière, Inspecteur général des Mines, dans son «*Cours de Machines* » :

> Si le feu était abandonné à lui-même, la « quantité d'air ne se trouverait presque jamais en rapport convenable avec la phase que traverse à chaque instant la combustion.
>
> Quand on vient de charger du combustible, la grille est encombrée, le charbon s'agglomère s'il est d'une matière collante, l'air filtre difficilement ; et cependant c'est le moment où il en faudrait beaucoup pour griller le flot de gaz combustible qui commence à distiller avec production de fumée noire.
>
> Vers la fin de la combustion, au contraire, le coke se raréfie, les intervalles sont redevenus libres, et l'air passe en grande abondance, au moment où le carbone seul reste en ignition et où toute la partie volatile a disparu, ce qui devrait inversement motiver une diminution dans l'accès de l'air.
>
> Il est donc nécessaire que le savoir-faire du chauffeur remédie à ces tendances par l'habile disposition de son feu.

A cet effet, lorsqu'on brûle de la houille, et si le feu présente sur toute l'étendue de la grille une flamme claire et brillante, la combustion est complète et tout va bien ; mais si au contraire la flamme devient bleuâtre, ou bien si le brasier présente des taches noires, c'est qu'il y a pénurie d'air, d'où combustion imparfaite, au moins par places.

On y remédie, en manoeuvrant convenablement le registre de manière à appeler plus d'air, en enlevant le résidu et le mâchefer, et en reformant sur la grille une couche mince et régulière de charbon incandescent, sur laquelle on recharge ensuite du combustible frais en quantité modérée.

En marche ordinaire le chauffeur doit entretenir un feu clair, aussi égal que possible, et il arrive à ce résultat en le chargeant au fur et à mesure des besoins de la combustion, en le visitant à des intervalles convenables, suffisamment rapprochés, et en usant modérément des *ringards*, surtout s'il a affaire à des

---

rapprochés. L'expérience montre que ces recommandations, si simples qu'elles soient, ne sont pas superflues. — C. W.

houilles maigres qui se brisent facilement, ou bien encore si on brûle ce qu'on appelle des fines ou charbons menus.

Il doit aussi veiller à ce qu'il ne se forme pas par places des accumulations de combustibles aggloméré, d'où sortiraient des *dards*, c'est-à-dire des jets de flammes, lesquels risquent toujours d'avoir une influence pernicieuse sur les tôles.

On donne le nom de ringards, aux outils employés concurremment avec les pelles, pour la conduite des feux, et qui sont au nombre de trois, savoir :

- Le *crochet* (fig. 48) qu'on introduit entre les barreaux, pour débarrasser leurs intervalles des scories qui entravent le passage de l'air ;
- La *lance* (fig . 49) qu'on introduit entre la grille et le charbon, lorsque celui-ci vient à coller ;
- Le *rouable* (fig. 50) qui sert à étaler le charbon, ainsi qu'à vider les foyers.

Les chargements doivent avoir lieu par petites quantités, promptement, et être répartis de manière que la couche de combustible soit d'épaisseur uniforme sur toute la surface de la grille. Pour la houille, il y a intérêt à mettre le charbon frais plus près de la porte du foyer que de l'autel, pourvu que dans son ensemble la couche de combustible demeure toujours d'épaisseur suffisamment régulière.

Si par hasard on a laissé trop tomber le feu, on repousse la majeure partie du combustible incandescent à l'arrière du foyer (côté de l'autel), de façon que cette partie reprenne son épaisseur normale, et on recharge l'avant de combustible frais.

Les périodes de chargement du foyer entraînant une cause de refroidissement, par suite de l'afflux de l'air qui se fait par la porte ouverte, il faut éviter dans la mesure du possible de les faire coïncider avec l'alimentation de la chaudière, lorsque celle-ci est discontinue.

Jamais il ne faut outrer l'épaisseur de la couche incandescente, ni l'intensité des feux.

Pour un générateur à *grands corps*, une bonne allure de combustion comporte une consommation voisine de 60 kilogrammes de *houille* par mètre carré de *surface de grille* et par heure ; pour ceux *à petits éléments*, tels qu'ils sont habituellement construits, il faut brûler sur la grille une quantité de combustible suffisamment modérée, pour ne jamais vaporiser plus de 16 à 18 kilogrammes d'eau par mètre carré de surface de chauffe et par heure.

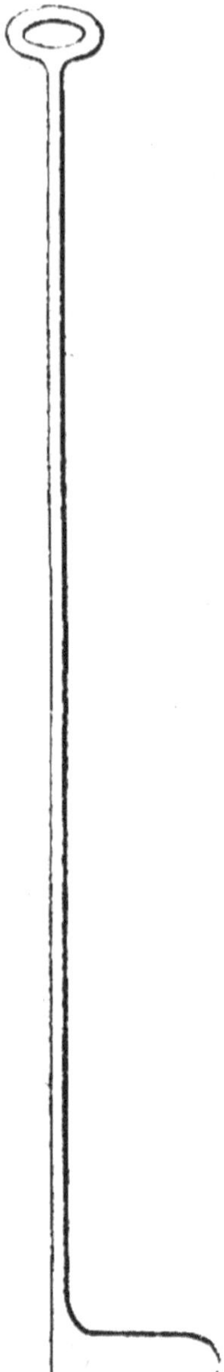

Fig. 48

Fig. 49

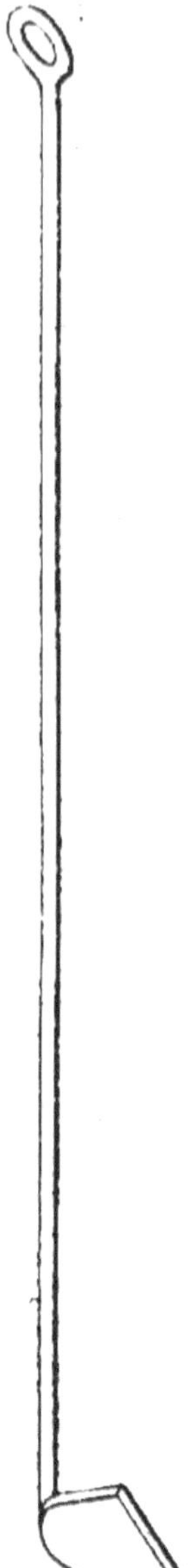

Fig. 50

Si l'on pousse trop les feux, ou bien si on fait rendre à la chaudière plus qu'il ne convient, on dit qu'elle est *forcée* ; on s'expose alors à surchauffer ses tôles, à causer des avaries et même des accidents.

Quand la combustion a besoin d'être activée, on ouvre la porte du cendrier et le registre, ou l'on augmente leur ouverture ; on nettoie la grille et on recharge, mais toujours modérément de manière à faire un feu clair.

Si au contraire, elle demande à être ralentie, on diminue l'ouverture du registre, on ferme en partie et au besoin totalement la porte du cendrier, et on laisse se réduire dans la mesure convenable l'épaisseur de la couche de combustible, de manière que la quantité de charbon en ignition soit en rapport avec l'afflux de l'air.

Il faut décrasser les grilles dès qu'on éprouve de la peine à faire circuler le crochet. Cette opération se fait ainsi qu'il suit : on laisse tomber le feu à moitié, on ferme le cendrier, et la porte du foyer étant ouverte, on amène tout le combustible sur l'une des moitiés, droite ou gauche, de la grille ; alors on débarrasse la partie ainsi dégagée du mâchefer qui s'y trouve, puis le décrassage terminé, on ramène le combustible sur elle, et l'on procède de même à l'enlèvement du mâchefer sur l'autre moitié de la grille ; enfin on étale le combustible en ignition en couche uniforme sur toute son étendue, on fait un rechargement de charbon frais, puis on ferme la porte du foyer et l'on rouvre celle du cendrier dans la mesure utile.

Tout cela doit être fait aussi rapidement que possible, afin de restreindre les rentrées d'air froid, qui sont anti-économiques, et qui peuvent même amener ou préparer des détériorations de la chaudière, car les contractions rapides des surfaces de chauffe peuvent avarier les tôles et leurs assemblages.

En général, avec la houille ordinaire, les grilles ont besoin d'être décrassées toutes les 6 ou 7 heures.

L'allure de la combustion doit être aussi uniforme que possible, et il est utile d'éviter les à-coup de chauffe et les arrivées brusques d'air froid toujours préjudiciables, ainsi que je viens de le dire.

L'activité du feu doit être réglée de manière que sans être jamais excessive, elle maintienne la pression dans la chaudière à la valeur de régime prescrite, ce dont on s'assure par le manomètre.

En tout cas il ne faut jamais dépasser sous peine d'imprudence grave et de contravention punie de peines correctionnelles, la pression maximum correspondant au timbre de la chaudière. Celle-ci doit être, comme on l'a dit page 64, repérée par un index (ordinairement une flèche rouge) sur la graduation du manomètre. En tout cas le chauffeur n'a qu'à regarder la médaille de timbre de sa chaudière, pour y lire quelle est cette pression limite qui lui est rigoureusement interdit de dépasser.

L'irrégularité de la pression est dénoncée par les mouvements de l'aiguille manométrique qui, avec un feu bien entretenu, et une alimentation régulière, ne doit pas, à moins de circonstances exceptionnelles, subir de variations dépassant un demi-kilogramme.

En opérant comme il vient d'être dit, non seulement on obtient une marche régulière et favorable à la bonne conservation de la chaudière, mais encore on se place dans les meilleures conditions possibles, pour conduire le feu économiquement, sous le rapport de la consommation du combustible.

On arrivera à ce résultat désirable, si on veut bien suivre les règles qui précèdent, ainsi que celles indiquées aux chapitres des *Appareils alimentaires et de sûreté*, auxquels j'engage le lecteur à se reporter[43].

Il faut encore que je dise ce que le chauffeur a à faire, si pour une raison ou pour une autre le niveau de l'eau cesse d'être à hauteur convenable.

Si la hauteur d'eau tend à devenir trop grande[44] il faut ralentir ou au besoin interrompre l'alimentation, pour éviter les entraînements d'eau aux machines, ou les sorties d'eau (primages) par les soupapes de sûreté.

Si au contraire l'eau tend à baisser dans le tube de verre (je suppose ici bien entendu, qu'on soit attentif, et qu'il s'agisse d'une baisse progressive et encore peu accentuée), il faut forcer l'alimentation pour relever le niveau. En même temps il y a lieu de se préoccuper de la cause qui amène un pareil résultat, et qui pourrait tenir par exemple à une fuite de la chaudière ; s'il en était ainsi, il faudrait tirer les feux et arrêter le travail.

Il en serait de même, si quelle que soit la cause de la diminution, le niveau continuait à baisser, malgré qu'on ait ouvert en grand l'alimentation.

En aucun cas, bien entendu, il ne faut que l'eau disparaisse du tube de verre. Si jamais cela arrivait, on serait en danger imminent d'accident, et il y aurait nécessité de prendre les mesures indiquées pour ce cas dans le chapitre VII.

43 Voir aussi les conseils de l'Introduction.

44 Il faut avoir bien soin de ne pas confondre le trop d'eau avec le manque d'eau, c'est-à-dire de ne pas prendre un tube vide pour un tube plein ; en purgeant son tube avec méthode, ou évitera cette erreur.

Quant à l'exagération de la pression, le chauffeur la prévoit en ayant soin de modérer le feu (manoeuvre de la porte du cendrier, du registre, etc.) quelque temps avant que la pression ait atteint le chiffre du timbre ; il peut ralentir momentanément la vaporisation en alimentant, si à ce moment la hauteur d'eau qui existe dans la chaudière s'y prête ; il peut aussi entrouvrir sa porte de foyer ; enfin il peut encore retarder la vaporisation d'une façon temporaire en chargeant du combustible frais. Mais cette dernière mesure est une manoeuvre sur laquelle j'appelle l'attention du chauffeur, parce que ce charbon, quand il va être pris, ne rendra le feu que plus vif ; le ralentissement d'allure qui résulte d'un chargement du foyer est donc tout à fait provisoire.

Arrêts. — Il convient de distinguer parmi les arrêts ceux pendant lesquels la chaudière reste soumise à une surveillance suffisante, et ceux au contraire pendant lesquels elle doit être abandonnée à elle-même sans surveillance aucune.

Dans le premier cas, les mesures à prendre diffèrent suivant qu'il s'agit d'un arrêt d'une durée peu considérable, ou au contraire d'un arrêt de plusieurs heures.

Pour un arrêt d'une heure environ, par exemple, et avec une chaudière d'usine de dimensions moyennes, le chauffeur, un peu avant le moment où cet arrêt doit avoir lieu, diminue son feu, nettoie la grille, fait bon niveau d'eau et ferme le registre et la porte du cendrier ; s'il est sûr que la durée de l'arrêt ne dépassera pas le temps d'allumage d'une couche de charbon frais, il en remet une charge sur la grille ; mais il doit être bien entendu, que durant l'heure d'interruption du travail, une suffisante surveillance sera exercée pour que la manière dont la chaudière va remonter en pression ne puisse rester inaperçue.

Pendant l'arrêt, la pression qui a diminué dans une proportion importante (de moitié par exemple), par l'effet des mesures ci-dessus, a le temps de revenir au point voulu puisqu'on n'use pas de vapeur ; il faut d'ailleurs s'assurer qu'elle ne remonte pas avec excès.

Pour un arrêt de plusieurs heures, le chauffeur, un peu avant l'interruption du travail, diminue son feu, nettoie soigneusement la grille, ramène le combustible en couche régulière, le couvre partout d'une couche bien continue de poussier mouillé, et ferme soigneusement et complètement le registre et la porte du cendrier ; il a eu soin en outre de faire bon niveau d'eau.

C'est ainsi que l'on établit un feu dormant, donnant une pression qui ne doit pas dépasser 2^k si les mesures ont été bien prises. Mais il va sans dire qu'il y a toujours dans le résultat de celles-ci une certaine incertitude ; voilà pourquoi, la chaudière pendant cet arrêt devra toujours être l'objet d'une surveillance suffisante, pour qu'on soit sûr que la pression reste basse et que l'appareil ne se vide pas.

A la reprise du travail, la vérification de la hauteur d'eau par une purge méthodique du tube de verre (et des robinets de jauge s'il y en a), doit être le premier soin du chauffeur, car on a vu trop souvent des accidents par manque d'eau, arriver lors des reprises, par défaut de cette précaution. Puis le chauffeur rouvre le registre et la porte du cendrier ; enfin quelques instants après il ouvre la porte du foyer, ringarde, découvre bien le feu et fait une charge modérée de combustible frais : à partir de ce moment le travail courant recommence.

Arrivons maintenant au cas où la chaudière doit être abandonnée à elle-même, sans surveillance. La seule mesure sûre est alors de jeter bas le feu à la fin du travail. Afin d'avoir aussi peu de déchets de combustible que possible, il convient, lorsqu'approche l'heure de l'arrêt, de laisser progressivement se consumer le charbon existant sur la grille, et de ne conserver au feu que l'activité nécessaire aux besoins de l'usine, à l'heure de la journée on l'on se trouve. La fin du travail arrivée, on tire hors du foyer ce qui reste de combustible ; cette quantité est faible si les mesures ont été bien prises, et pourra d'ailleurs être ultérieurement plus ou moins réutilisée.

Avant de quitter leurs chaudières, il est bon que les chauffeurs procèdent au nettoyage des grilles, plus difficile quand elles sont froides que lorsqu'elles sont encore chaudes, surtout si le combustible est gras.

Enfin, on doit toujours s'arranger pour avoir en fin de travail, une forte hauteur d'eau dans la chaudière.

CHAPITRE VI

DÉPOTS ALIMENTAIRES ET NETTOYAGES

Les eaux qui servent à l'alimentation des chaudières à vapeur, donnent toujours lieu à des dépôts, qui proviennent soit des matières terreuses qu'elles contiennent en suspension (*eau de rivière*), soit des matières qu'elles contiennent en dissolution[45] et qui se précipitent sous l'action de la chaleur (eaux de puits et autres), soit des matières grasses ou sucrées qui peuvent être mélangées à elles (*eaux de condensation et eaux résiduaires de certaines usines*).

De là des dépôts de trois sortes principales, savoir les dépôts *boueux, tartreux, savonneux.*

Dépôts boueux. — Ces dépôts peuvent être évités en grande partie, soit en faisant reposer l'eau dans de grands réservoirs, où les matières terreuses viennent se déposer, soit en l'épurant en la faisant passer à travers une couche de sable ou de coke.

On se débarrasse ensuite des dépôts boueux qui peuvent se produire, et qui s'accumulent surtout dans les parties basses des chaudières, en faisant de temps en temps des extractions avec les précautions qui seront indiquées plus loin, et à intervalles plus éloignés un balayage complet, la chaudière étant alors détamponnée.

45 Généralement des carbonates et sulfates de chaux ; les dépôts incrustants sont une cristallisation de ces sels.

Ces mesures sont nécessaires si l'on ne veut pas que les boues s'accumulent, et exposent les tôles à recevoir un coup de feu, en entravant leur contact avec l'eau. On comprend en effet que si une tôle qui est chauffée sur une face, n'est pas suffisamment rafraîchie par l'eau sur son autre face, elle se chauffe plus qu'il ne convient, ou en d'autres termes, elle se surchauffe, elle reçoit un *coup de feu.*

Dépôts tartreux. — La formation des *dépôts tartreux* devient plus vite dangereuse que celle des précédents, parce que les croûtes ou *incrustations* qui en résultent, en adhérant aux parois des chaudières, isolent fortement la tôle d'avec l'eau. De plus en se détachant sous forme d'écailles, ces incrustations viennent souvent se grouper sur tel ou tel point, en particulier sur les tôles de coup de feu.

Les dépôts tartreux, mauvais conducteurs de la chaleur, ont pour premier effet de retarder la vaporisation ; ils peuvent par là conduire les chauffeurs à trop pousser leurs feux, ce qui est alors d'autant plus dangereux que les tôles ne sont plus mouillées aux endroits que ces dépôts rencontrent. Mais il n'est même pas nécessaire que les feux soient plus poussés que d'habitude pour que sous l'action de la surchauffe, une tôle encrassée, ou recouverte d'une accumulation d'écailles de tartre vienne à rougir ; alors elle perd de sa résistance, se bosselle et parfois se déchire.

Pour prévenir une formation trop rapide du tartre à l'intérieur des chaudières, le mieux à faire, quand on n'a à sa disposition que des eaux chargées de principes incrustants, est de les en débarrasser le plus possible avant leur introduction dans les chaudières, au moyen d'une épuration préalable. C'est l'objet des appareils appelés *épurateurs* que l'on rencontre dans certaines usines, et qui modifient la nature de l'eau au moyen d'actions chimiques.

Quand on ne fait pas d'épuration préalable, on introduit en général directement dans la chaudière une substance propre à donner de préférence au dépôt le caractère boueux, au lieu que celui-ci se produise sous forme de tartre dur et adhérent. Parmi les substances employées, il en est de chimiques auxquelles on donne le nom de *tartrifuges* et *d'antitartriques* ; toutes ne sont pas bonnes : il est indispensable qu'elles ne soient nullement acides, car elles corroderaient les tôles ; elles doivent d'ailleurs être appropriées dans chaque cas à la nature de l'eau.

Parmi les plus simples, je citerai la soude (carbonate de soude) dont l'emploi est fréquent.

Parfois on emploie des matières qui paraissent agir surtout mécaniquement, pour empêcher les dépôts de se former en couche adhérente aux tôles. Mais dans aucun cas, il ne faut introduire dans les chaudières d'objets capables d'y entraver la circulation, ou de se déposer dangereusement sur les tôles de coup de feu ; c'est ainsi qu'en particulier, dans une chaudière à petits éléments, il ne faudrait jamais introduire des matières en copeaux qui seraient entraînées par la circulation de l'eau dans l'appareil, et viendraient obstruer les tubes ou les boîtes de raccordement.

Les différentes substances qu'on peut introduire dans les chaudières, même quand on les choisit avec discernement, ne peuvent d'ailleurs empêcher à proprement parler la formation des dépôts ; elles en modifient simplement la nature.

Par conséquent une fois les dépôts formés, il faut avoir soin de les enlever aussi souvent que cela est utile, et le plus souvent sera toujours le mieux ; à cet effet les incrustations doivent être battues adroitement au marteau, de manière à les détacher, sans cependant altérer les tôles par un choc trop violent des outils.

Dépôts savonneux. — Quant aux dépôts savonneux, ils présentent un danger de même nature que les précédents, et le présentent même alors qu'ils sont pour ainsi dire sans épaisseur, parce qu'ils empêchent les tôles d'être mouillées ; dès lors les tôles chauffées sur une face, grasses sur l'autre, se surchauffent, peuvent rougir et l'on risque d'avoir des accidents graves.

Aussi est-il de toute nécessité d'épurer les eaux de condensation qui contiennent toujours des huiles, ainsi que les eaux résiduaires de certaines usines, avant de les employer à l'alimentation des générateurs de vapeur.

Nettoyages et visites. — L'entretien des chaudières comprend trois parties essentielles :

La première consiste dans l'*entretien journalier* des robinets, soupapes et organes divers qui sont greffés sur les générateurs ; cet entretien est d'une grande importance puisqu'il a trait à des appareils, dont les indications exactes sont indispensables au bon fonctionnement des chaudières.

Les nettoyages forment une partie non moins essentielle de l'entretien des générateurs : ils se divisent en nettoyages extérieurs et en nettoyages intérieurs.

Les *nettoyages extérieurs* sont nécessaires, d'une part afin de débarrasser les tôles et les tubes des suies qui s'y déposent, et empêchent la chaleur des gaz chauds de bien se transmettre à la surface de chauffe, d'autre part afin de reconnaître s'il n'y a en aucun point des corrosions ou des fuites.

Quant aux *nettoyages intérieurs*, tout ce que je viens de dire au sujet des dépôts, montre combien ils intéressent la sécurité ; ils sont d'ailleurs comme les autres, indispensables pour voir quel est l'état de l'appareil.

Au sujet de la durée qui peut s'écouler entre deux nettoyages on ne peut rien préciser ; cela dépend du genre de chaudière, de son allure et surtout de la nature des eaux employées : l'expérience seule est le meilleur guide en cette matière.

En tout cas, il faut profiter de ces nettoyages pour visiter les tôles, tant à l'intérieur qu'à l'extérieur, de façon à reconnaître quelles réparations elles pourraient réclamer. C'est dire que les chaudières doivent alors être non seulement grattées intérieurement pour enlever tous les dépôts, mais aussi extérieurement, pour les débarrasser complètement de la suie et des poussières déposées par les gaz de la combustion.

Dans les *visites extérieures*, il faut notamment rechercher les bosses ou gondolements des tôles avec ou sans crevasses, fentes ou fissures ; les pailles, que l'un observe dans les tôles imparfaitement soudées ; les cassures allant des rivets au bord des tôles, ou bien les fissures le long des lignes de rivets, soit entre les rivets, soit à côté (ces fissures sont particulièrement dangereuses et elles ne sont pas faciles à apercevoir, il faut donc les rechercher avec le plus grand soin); les corrosions extérieures, fréquentes surtout au contact des maçonneries, dans les parties humides et aussi dans les parties qui sont léchées par des courants gazeux relativement froids, comme par exemple les réchauffeurs. Il faut bien surveiller les cheminées et leurs collerettes dans les chaudières verticales ; il faut être attentif à l'état des entretoises et des gueulards, ainsi qu'aux déformations des parois planes dans les chaudières à foyers carrés.

Dans les *visites intérieures*, il faut porter son attention sur les mêmes défauts que ci-dessus, en particulier sur les fissures au voisinage des lignes de rivets ; et aussi sur les corrosions intérieures, qui ont parfois l'aspect d'une série de cavités plus ou moins isolées les unes des autres ; dans ce cas elles sont relativement faciles à apercevoir ; mais elles peuvent aussi être des diminutions générales d'épaisseur sur des étendues plus ou moins grandes, de sorte qu'il faut à ce point de vue examiner les tôles avec soin.

On a dit plus haut qu'on se débarrasse en partie des dépôts boueux en faisant des extractions. On appelle ainsi l'opération qui consiste à ouvrir temporairement le robinet de vidange, alors que la chaudière est à une faible pression, et à laisser sortir une certaine quantité d'eau. Quand cette opération est faite avec les précautions voulues pour être sûr de ne pas endommager la chaudière, elle rend des services, puisque la chasse d'eau qui se produit, entraîne une quantité plus ou moins grande de dépôts boueux. Mais il faut bien se rappeler ce que j'ai dit de la facilité avec laquelle une tôle non mouillée par l'eau se surchauffe et s'endommage ; même si elle ne rougissait pas, elle pourrait se criquer et s'avarier ; par conséquent, il ne faut jamais qu'une extraction abaisse le niveau de l'eau au-dessous du minimum réglementaire, à moins que non seulement le feu ne soit entièrement éteint, mais encore que le fourneau ait eut le temps de se refroidir, et qu'en outre la pression dans la chaudière ne dépasse pas une faible valeur, 2^k environ.

Quand une chaudière doit rester inactive pendant un temps notable, il est indispensable de la vider complètement, non seulement parce que si elle restait pleine d'eau, et qu'on fût en hiver, l'eau pourrait geler et la faire fendre, mais encore parce que la moindre quantité d'eau qu'on y laisserait la rendrait humide, ce qui pourrait être une cause de corrosions.

Quand le chômage doit durer un certain temps, une précaution bonne à prendre, pour ce motif, est de goudronner les tôles intérieurement et extérieurement, afin d'éviter les oxydations qui ne tarderaient pas à les altérer.

Ne quittons pas ce chapitre sans rappeler aux chauffeurs que lorsqu'un robinet, ou un joint de tuyauterie, vient à perdre, ce qui arrive assez fréquemment, il importe que la fuite d'eau qui pourrait en résulter, ne puisse tomber sur la chaudière ou même sur son fourneau, car en s'infiltrant à travers la maçonnerie, elle serait très préjudiciable à la bonne conservation des tôles.

Il importe donc, en attendant qu'on ait rodé le robinet, ou refait le joint qui perd, de remédier à cet inconvénient en disposant convenablement un vase de suffisante capacité destiné à recueillir l'eau qui vient à tomber.

CHAPITRE VII

EXPLOSIONS

On distingue deux sortes d'explosions de chaudières : celles qui sont accompagnées d'effets violents, comme fragmentation de l'appareil, projection au loin, destruction de bâtiments, etc. ; et celles qui consistent dans une rupture ou déchirure plus ou moins étendue, mais qui ne produisent pas de dégâts à distance, et donnent seulement lieu à une sortie inopinée de vapeur ou d'eau brûlante.

Les explosions de cette seconde catégorie ne portent pas le ravage en dehors du voisinage de la chaudière, mais elles sont quand même très redoutables pour les personnes placées à proximité, et notamment pour les chauffeurs, attendu que le jet de vapeur, d'eau brûlante, etc., risque fort de leur causer des brûlures, dont les conséquences sont malheureusement bien souvent mortelles.

Quant aux causes d'explosions, soit de l'une, soit de l'autre catégorie, elles peuvent tenir au mauvais état de l'appareil ; c'est pourquoi j'ai recommandé aux chauffeurs, pour ce qui les concerne, les mesures de bon entretien et de surveillance de l'état des tôles, dont il a été parlé plus haut. Il pourrait aussi arriver des explosions par l'effet des dépôts ; j'en ai suffisamment parlé en traitant des nettoyages. Mais souvent aussi les explosions proviennent de fautes immédiates commises dans la conduite de l'appareil : ce serait le cas, par exemple, si on laissait une chaudière manquer d'eau ou arriver à une pression excessive. Insistons sur ces deux causes qui intéressent particulièrement le travail courant du chauffeur, en indiquant les mesures générales à prendre, si l'on se trouvait menacé d'être soit en *manque d'eau*, soit en *excès de pression*.

Manque d'eau. — Dans la conduite d'une chaudière, on doit toujours, sous peine d'être en contravention, avoir au moins six centimètres d'eau au-dessus de toutes les parties de la surface de chauffe ; c'est pour indiquer cette hauteur réglementaire, qu'on place auprès du tube de verre un index du niveau minimum[46].

Le chauffeur doit donc toujours avoir de l'eau au-dessus de cet index. S'il arrivait, pour une cause ou pour une autre, que le niveau s'abaissât au-dessous, il faut distinguer deux cas, suivant que le chauffeur peut *vérifier avec une entière certitude*, que l'eau est encore à une hauteur suffisante, pour couvrir la surface de chauffe, ou qu'il ne peut se procurer cette certitude.

- Supposons que l'eau soit au-dessous de l'index, mais que le tube de verre ayant été méthodiquement purgé, l'eau se tienne encore en permanence visible dans ce tube avec l'apparence habituelle, et que dans le cas où la chaudière possède des robinets de jauge, le robinet inférieur accuse sûrement de l'eau : lorsqu'il en est ainsi le chauffeur doit alimenter aussitôt, et surveiller avec toute son attention la manière dont cette alimentation fait remonter le niveau dans le tube de verre ; comme je l'ai déjà indiqué, si l'eau ne remontait pas convenablement, malgré que l'alimentation fonctionnerait en grand, on serait obligé d'arrêter le travail. Si l'eau remonte bien, on rentrera ainsi presque immédiatement dans l'état de choses régulier.
- Supposons maintenant que l'eau ait baissé au-dessous de la base du tube de verre, ou du robinet de jauge inférieur. Le chauffeur est averti de cette situation, parce qu'après avoir purgé son tube, il n'y voit pas revenir l'eau, ou si elle revient, elle redisparaît bientôt, ou n'y reste qu'avec des bouillonnements ou mouvements inaccoutumés ; en un mot, il y a des indices d'une situation anormale. Il en est encore averti, lorsqu'en ouvrant le robinet de jauge inférieur, celui-ci ne donne que de la vapeur.
- Enfin, lorsque la chaudière est munie d'un flotteur qui fonctionne bien, il peut encore en être averti par cet appareil. Il faut savoir, en tout ceci, ne pas se laisser illusionner par les apparences, soit d'un tube de

46 Voir la note de la page 76 pour les chaudières de bateau.

verre où l'eau ne reparaîtrait que par suite de circonstances anormales, soit d'un flotteur en mauvais état.

Dans le cas où l'eau a baissé ainsi, la situation est grave, dangereuse, et il ne reste qu'une chose à faire sans hésiter : c'est d'arrêter immédiatement le chauffage de la chaudière, en prenant vivement les mesures indispensables à la sécurité d'autrui et à la sienne.

N'oublions pas d'ailleurs, qu'il ne faut jamais se trouver dans un pareil cas de danger d'explosion par manque d'eau ; c'est pourquoi on ne saurait trop répéter que le chauffeur doit apporter dans l'alimentation et la consultation des appareils indicateurs, une vigilance irréprochable.

Excès de pression. — Lorsque la pression dans l'intérieur d'un générateur de vapeur, vient à dépasser le timbre pour lequel celui-ci a été éprouvé, on est exposé à voir l'appareil se déchirer violemment, et produire des ravages d'autant plus grands, que la chaudière contient plus d'eau à haute température.

La déchirure commencera dans la partie de l'appareil offrant le moins de résistance, soit à la chambre de vapeur, soit à la chambre à eau, soit au faisceau tubulaire, etc. Elle se produira d'autant plus facilement, que l'excès de pression a lieu dans une chaudière ancienne, en mauvais état d'entretien, ou ayant déjà subi des avaries antérieures.

Aussi importe-t-il de prévenir toute élévation de pression, au-dessus de la pression normale de marche.

Le chauffeur doit maintenir une pression régulière ; à cet effet, il convient qu'il soit prévenu à temps des arrêts de machines, ou autres appareils alimentés par sa chaudière, lorsque ces arrêts sont susceptibles de faire monter notablement la pression, comme c'est le cas général.

Il doit, pour empêcher alors la pression de s'élever, user à propos des différents moyens déjà indiqués : modérer le tirage, alimenter (pourvu que le niveau de l'eau le comporte), couvrir le feu, etc.

Lorsque ces mesures ne suffisent pas, il pourra devenir utile de faire tout le possible pour augmenter la dépense de vapeur : par conséquent, lorsqu'on le peut, activer la marche de la machine, ou remettre en route des machines ou appareils précédemment arrêtés.

Si les soupapes sont chargées avec des balances à ressort, on peut en agissant sur les écrous les desserrer progressivement et avec prudence, sans laisser prendre aux soupapes une levée excessive risquant de déterminer un primage ou une « trombe d'eau ».

Dans le cas où la chaudière est munie d'un robinet d'évacuation de vapeur, on peut encore ouvrir celui-ci très progressivement.

Enfin, supposons le cas extrême où malgré les mesures ci-dessus, le chauffeur ne se serait pas rendu maître de sa pression : en ce cas, il n'y a qu'une chose à faire, c'est de jeter bas le feu.

Telles sont les principales règles que comporte l'emploi des chaudières à vapeur, et qui exigent de la part des chauffeurs *une présence continue, une surveillance exacte, des précautions constantes et une attention soutenue.*

De plus, quoi qu'il arrive, ils doivent se rappeler qu'en cas d'incident ou de menace d'accident, le sang-froid est de toute nécessité, s'ils veulent prévenir le danger par des mesures appropriées, et qu'ils ne sauraient prendre s'ils ne se rendent pas un compte exact de la situation.

Je n'ai pas besoin d'ajouter que si la sobriété est toujours un devoir, elle est en outre une condition indispensable pour pouvoir conduire un appareil à vapeur sans danger pour les autres et pour soi-même.

Les chauffeurs doivent porter une attention continuelle à leur conduite, et ne pas oublier qu'un écart de leur part peut être la cause d'un grave accident.

CHAPITRE VIII

ORGANES PRINCIPAUX DES MACHINES A VAPEUR

Les organes principaux qui entrent dans la composition d'une machine à vapeur sont de trois sortes ; les uns produisent un premier mouvement rectiligne alternatif, qu'on n'utilise généralement pas directement[47] ; les autres le transforment en un mouvement rotatif d'un axe ou arbre moteur ; enfin les derniers servent à régler la vitesse du fonctionnement de la machine.

De là trois sujets, que je traiterai succinctement, attendu que ce petit livre n'a pas pour objet de former des mécaniciens, mais seulement de donner quelques notions élémentaires sur les machines, aux chauffeurs qui peuvent être appelés à prêter leur concours à leur conduite.

Toutefois, avant d'aborder la description des organes des machines à vapeur, je crois utile de donner la définition de l'unité qui sert à mesurer leur puissance.

Une machine qui travaille, par exemple pour élever un poids, accomplit d'autant plus de travail que le poids est plus lourd et qu'elle l'élève plus haut: on donne le nom de kilogrammètre au travail capable d'élever un poids de 1 kilogramme à 1 mètre de hauteur ; c'est l'unité de travail.

---

47 On l'utilise directement en certains cas, par exemple dans les petits chevaux, ainsi que nous l'avons vu, page 41.

Maintenant, une machine est d'autant plus puissante, qu'elle accomplit plus de travail en moins de temps. On se sert alors pour mesurer sa puissance d'une *unité de puissance appelée cheval* : c'est la puissance capable d'accomplir un travail de 75 kilogrammètres par seconde, c'est-à-dire d'élever en une seconde, un poids de 1 kilogramme à 75 mètres de hauteur ou, ce qui revient au même au point de vue du travail, un poids de 75^k à 1 mètre de hauteur.

Ainsi une machine de 20 chevaux, doit avoir la puissance d'élever 20 fois 15 kilos ou 1500 kilogrammes à un mètre de hauteur en une seconde.

Production du mouvement rectiligne alternatif.

Les organes essentiels sont le *cylindre* dans lequel se meut le *piston*, et la *boîte à vapeur* dans laquelle se trouve le *tiroir mobile* sur une *glace.*

Cylindre. — On donne le nom de cylindre (fig. 51), à un récipient en fonte EE' à simple ou parfois à double enveloppe[48] dont la paroi cylindrique est parfaitement alésée à l'intérieur.

Cet organe est fermé à l'avant (AV) par un plateau appelé couvercle que traverse la tige du piston, et à l'arrière (AR) par un autre plateau appelé fond. Les extrémités du cylindre sont munies de purgeurs.

Au-dessus du cylindre est représentée en coupe la boîte à vapeur A ; c'est une boîte qui est en communication avec la chaudière par un tuyau aboutissant à une tubulure qu'on voit en haut et à droite sur le dessin. La paroi inférieure de cette boîte, est formée par une partie plane qui est venue de fonte avec le cylindre et, qui forme la glace : celle-ci est une surface parfaitement dressée sur laquelle glisse le tiroir, et qui est percée de trois lumières B, C, D qui servent au passage de la vapeur.

Deux de ces lumières communiquent avec le cylindre[49] ; la troisième, placée sur la glace entre les deux autres, communique avec l'échappement, c'est-à-dire avec un conduit aboutissant soit à l'air libre, soit dans la chambre à vide d'un condenseur.

Dans le cylindre, ne débouchent donc que les deux lumières extrêmes ; celle du milieu va de la glace à l'échappement.

---

48 Dans ce cas, la vapeur circule entre les deux enveloppes pour protéger le cylindre contre les refroidissements extérieurs.

49 L'une avec l'*AV*, l'autre avec l'*AR* du cylindre.

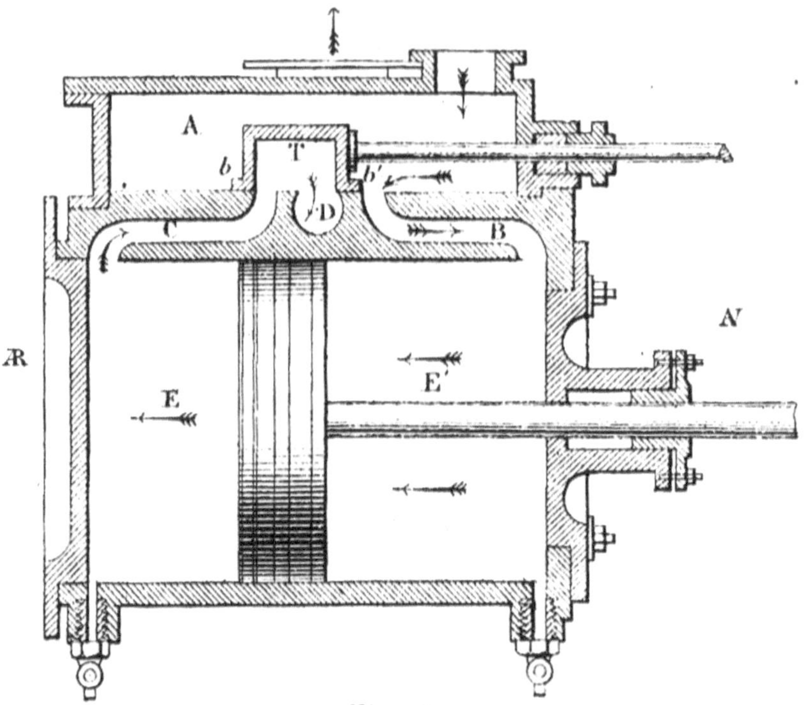

Fig. 51

Piston. — Le piston (fig. 52) est un disque métallique de même diamètre que le cylindre ; il faut que la jonction entre ces deux organes soit aussi exacte que possible, sans que pourtant il y ait adhérence ou grippement.

Pour arriver à ce résultat, on munit le pourtour du piston de segments (fig. 53-54)[50], sortes de bagues fendues, généralement en fonte douce, qui font ressort, et que leur élasticité appuie constamment contre la paroi interne du cylindre, de manière à empêcher toute fuite de vapeur entre celle-ci et le pourtour du piston. Comme nous l'avons déjà vu, le piston est muni d'une tige qui traverse le couvercle *AV* du cylindre par un presse-étoupe, afin d'assurer l'étanchéité.

Tiroir. — Le tiroir, organe distributeur de vapeur (fig. 51-55), se compose généralement d'une pièce métallique concave T[51], qui s'appuie par ses bords *b* sur la glace du cylindre.

50 Il y a généralement deux segments placés l'un devant l'autre sur le pourtour d'un piston.

51 Cette pièce a la forme d'une boîte dont la face inférieure manquerait, ou d'un tiroir de

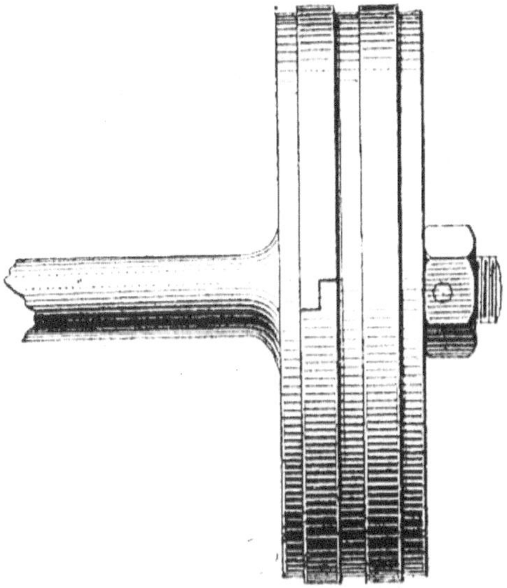

Fig. 52

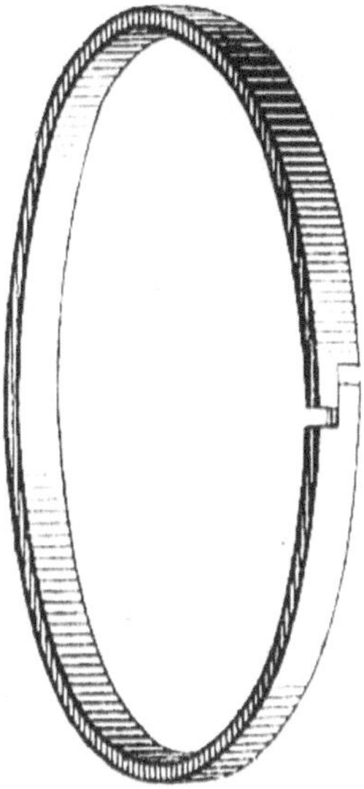

Fig. 53

Fig. 54

Il se meut, comme je l'ai dit, dans l'intérieur de la boîte à vapeur, qui reste constamment en communication avec la vapeur de la chaudière, quand son robinet d'admission est ouvert. Le tiroir recouvre en tous temps la lumière du milieu, ou *lumière d'échappement* ; il recouvre et découvre alternativement les deux lumières *AV* et *AR*, ou *lumières d'admission*, qui communiquent avec le cylindre, et produit ainsi la distribution de la vapeur, comme il va être expliqué ci-après.

---

commode renversé de là son nom.

Mode d'action de la vapeur. — Voici comment la vapeur agit dans le cylindre :

Supposons que la vapeur d'une chaudière arrive par la boîte à vapeur A et la lumière B, dans la chambre d'*AV* E' d'un cylindre de machine (fig. 51); d'après ce que j'ai déjà dit, la pression que les parois de cette chambre

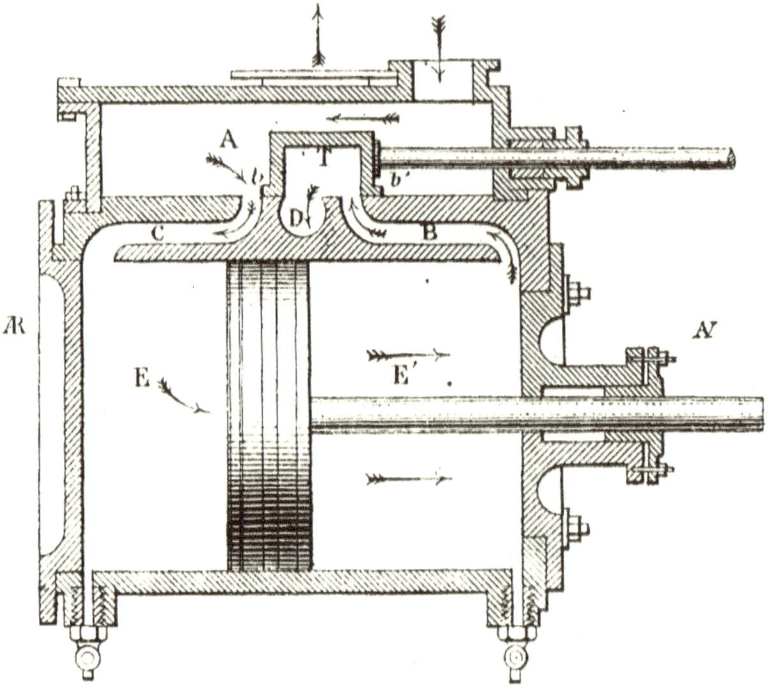

Fig. 56

supportent, est égale[52] à celle qui agit sur les parois de la chaudière, et le piston qui forme cloison entre les deux chambres E et E' est poussé d'*AV* en *AR* avec une force d'autant de fois 1^k,033 par centimètre carré de surface, qu'il y a d'atmosphères de pression absolue dans la chaudière ; d'*AV* en *AR*, il ne supporte au contraire à peu près que la pression atmosphérique, ou même une pression moindre s'il existe un condenseur.

52 A peu de chose près ; en réalité elle lui est toujours inférieure, à cause de la perte de pression qui se produit le long du tuyau amenant la vapeur de la chaudière à la machine.

Comme ce piston est mobile, il se met en mouvement sous l'action de cette force, et marche vers l'extrémité *AR* ; mais si un instant avant qu'il ne soit arrivé complètement au bout de sa course, on ferme la lumière B, pour ouvrir la lumière C qui amène la vapeur dans la chambre E (fig. 55), et qu'en même temps on laisse la vapeur qui a travaillé en E', libre de s'échapper, le piston par suite de la poussée qu'il reçoit maintenant sur sa face gauche, prendra un mouvement inverse de celui qu'il venait de suivre.

Maintenant, si un instant encore avant qu'il ait complètement achevé sa nouvelle course de E en E', on ouvre de nouveau l'admission en B, et qu'on donne une issue libre à la vapeur de la chambre E, le piston reviendra vers E ; et ainsi de suite, en mettant alternativement les deux faces du piston en communication tantôt avec la pression de la chaudière, tantôt avec l'échappement, on donnera au piston un mouvement de va et vient, qui est ce que j'ai intitulé le *mouvement rectiligne alternatif.*

C'est le tiroir, qui sert à mettre alternativement les deux lumières d'*AV* et d'*AR* en communication tantôt avec la boîte à vapeur, tantôt avec la lumière. d'échappement.

Voici comment : quand cet organe occupe la position indiquée par la figure 51, la vapeur trouvant la lumière d'admission B ouverte, pénètre par là dans la partie *AV* du cylindre, et force le piston à aller de l'*AV* vers l'*AR*, pendant que la vapeur contenue dans l'autre chambre E', et qui a travaillé précédemment, revient par la lumière C dans le tiroir, pour se rendre au-dehors par la lumière d'échappement D.

Mais le tiroir est mobile, car il reçoit un mouvement de va et vient d'une pièce appelée *barre d'excentrique* (fig. 57), sur laquelle je reviendrai tout à l'heure. Son déplacement est réglé par rapport au mouvement de va et vient du piston, de telle manière, que lorsque ce dernier est tout près d'arriver à fond de course *AR*, le tiroir s'est déplacé vers l'avant, a recouvert la lumière d'*AV* et découvert celle comme le représente la figure 55.

Transformation du mouvement rectiligne alternatif en rotation.

Le mouvement rectiligne alternatif du piston n'est pas en général utilisable directement, ainsi que je l'ai déjà dit. Il faut le transformer en un *mouvement rotatif* ou *circulaire continu de l'arbre* ou *axe moteur* de la machine ; on réalise aussi la transformation inverse du mouvement de l'arbre, en un mouvement *alternatif rectiligne* de la tige du tiroir, afin que la distribution de la vapeur puisse s'effectuer comme nous l'avons vu.

A cet effet, on se sert *de bielles et de manivelles, d'excentriques et de balanciers.*

Bielle et Manivelle – On donne le nom de bielle (fig. 56) à une barre rigide A, dont la tête *b* est articulée au bouton de la manivelle B, qui tourne autour d'un axe *e*. Le pied *c* de la bielle est relié à la tige du piston C, au moyen

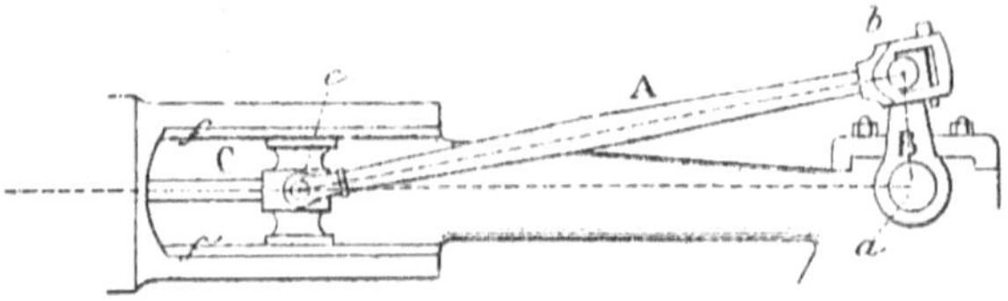

Fig. 56

d'un coulisseau qui se meut entre les deux glissières *f* et *f'*, afin que la tige du piston se déplace toujours en ligne droite.

Quand le pied *c* de la bielle, obéissant au mouvement du piston, prend un mouvement rectiligne de va et vient, sa tête *b* agit sur le bouton de la manivelle qu'elle tend à rapprocher ou à éloigner ; mais comme cette manivelle B est fixée sur un arbre ou axe fixe *e*, qui ne peut que tourner sur lui-même, il en résulte que le mouvement rectiligne imprimé au bouton de la manivelle se transforme en un mouvement circulaire. Ce mouvement sera continu, c'est-à-dire ininterrompu et toujours de même sens, car la bielle en ramenant à elle la manivelle, fait achever à celle-ci la circonférence qu'elle avait commencée sous la première poussée inverse.

Toutefois, il est bon de faire remarquer, que si au moment de la mise en marche, le bouton de la manivelle se trouvait à l'une ou à l'autre des positions correspondant aux positions extrêmes du coulisseau, et qu'on appelle points morts, l'impulsion donnée en ligne droite par la bielle ne pourrait qu'exercer une poussée sur la manivelle, sans déterminer la rotation de celle-ci ; mais quand le mouvement commence dans toute autre position, la poussée de la bielle détermine la rotation de la manivelle, et par suite de l'axe sur lequel elle se trouve montée.

Une fois la rotation commencée, le passage de la manivelle par ses points morts n'arrête pas la machine, parce que le mouvement se poursuit en vertu de la vitesse acquise.

Afin que celle-ci ait une action suffisante pour faire passer les points morts, et aussi pour bien régulariser la rotation, et empêcher que la machine marche par à-coups, il est nécessaire de munir l'arbre d'un volant (fig. 58), c'est-à-dire d'une grande roue ayant une masse suffisante, pour ne pas être très sensible aux causes tendant à modifier sa vitesse ; je reviendrai tout à l'heure sur ce sujet.

De ce qui vient d'être dit, il résulte que le déplacement du piston dans le cylindre, est égal au double de la longueur de la manivelle.

Excentrique. — On donne le nom d'excentrique (fig. 57) à un disque métallique A, invariablement fixé à l'arbre B de la machine, mais fixé de telle sorte que son centre ne coïncide pas avec l'axe de rotation. Ce disque

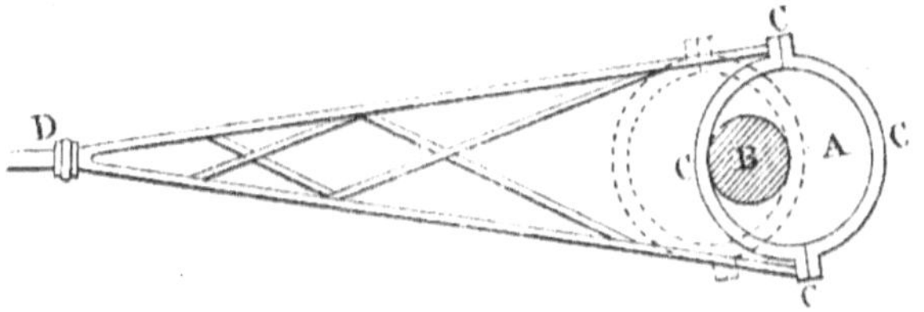

Fig. 57

est entouré par un collier C, mobile autour de lui, et auquel vient s'adapter une barre D, qui le relie à la tige que l'on veut actionner (tige du tiroir par exemple).

Quand l'arbre B tourne, l'excentrique tourne avec lui, mais en raison de son défaut de centrage sur l'arbre, il écarte et rapproche successivement le collier de l'axe de rotation.

De là résulte un mouvement alternatif rectiligne de va et vient de la barre d'excentrique, et par conséquent de la tige du tiroir à laquelle elle est reliée. Le déplacement de cette pièce est égal au double de la distance existant entre le centre de l'excentrique et celui de l'arbre.

Balancier. — Dans les explications qui précèdent, j'ai supposé le cylindre horizontal ; mais il va sans dire qu'il y a des machines où il est disposé verticalement[53]. Dans ce cas, et lorsqu'on ne veut pas placer le piston, soit au-dessus, soit au-dessous de l'arbre, on a recours à un organe spécial de transmission de mouvement, qu'on appelle balancier.

53 Il y a aussi des cylindres obliques.

C'est une pièce D (fig. 64), mobile autour d'un axe *c*, et qui reçoit un mouvement de va et vient.

La tige du piston aboutit à l'une des extrémités *b* du balancier ; la bielle E est fixée à l'autre extrémité *d*.

La tige du piston et l'extrémité supérieure de la bielle, prennent ainsi des mouvements de va et vient en sens inverse ; la bielle agissant sur la manivelle détermine, comme dans le cas précédent, la rotation continue de l'arbre.

Régulateurs de la Vitesse.

Volant. — J'ai déjà indiqué que le volant (fig. 58) régularise la rotation de la machine, en assurant le passage des points morts, et en évitant les à-coups et les changements brusques de vitesse.

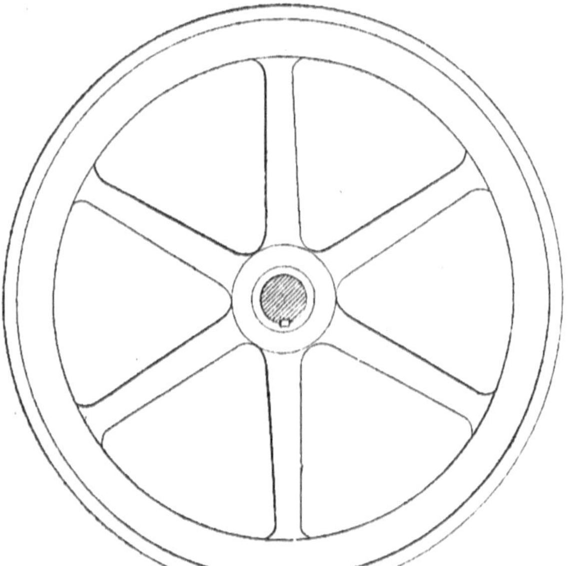

Fig. 58

Suivant le travail que la machine a à faire, on la munit de volants plus ou moins puissants ; ils le sont d'autant plus, qu'ils ont de plus grands diamètres et que la jante est plus massive ; mais par là-même leur rupture serait très

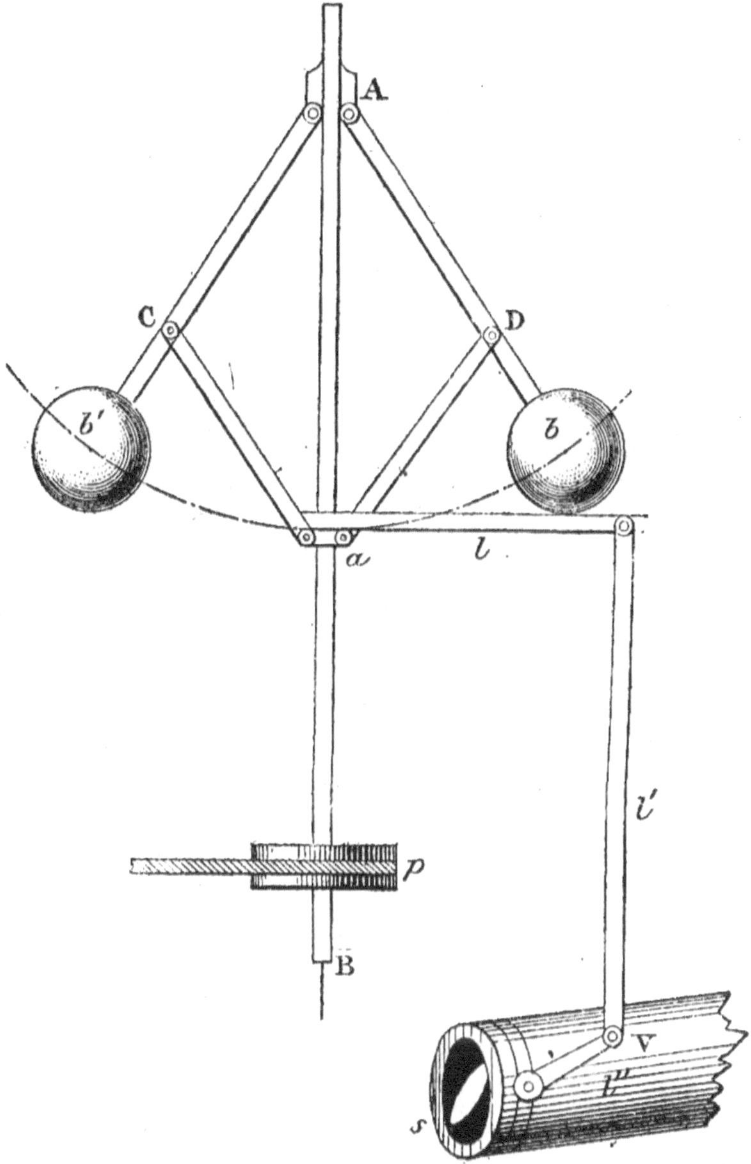

Fig. 59

dangereuse, et il faut avoir soin qu'ils soient en parfait état, bien clavetés et centrés.

Modérateur à boules. — Lorsqu'il s'agit de faire en sorte que la machine conserve toujours la même allure, malgré les changements qui surviennent au cours de son emploi dans le travail qui lui est demandé, il faut recourir à des appareils régulateurs tels que le *modérateur à boules.*

Cet appareil (fig. 59) repose sur le principe de la force centrifuge qui tend à faire écarter deux boules *b, b'*, tournant autour d'un axe AB, en s'écartant d'autant plus que la vitesse est plus grande ; et c'est cet écartement dont on se sert pour agir soit sur l'admission de la vapeur, soit sur la distribution. Je me contenterai de décrire ici le premier système :

A cet effet, on relie les tiges des boules à un anneau *a*, qui se meut le long de l'arbre AB, et dont les mouvements actionnent un système articulé *ll',l"*, agissant sur le papillon *s*, qui ouvre ou ferme plus ou moins le tuyau de vapeur V.

L'arbre vertical AB est mis en mouvement, soit par l'intermédiaire d'une poulie P, soit au moyen d'engrenages montés directement sur l'arbre.

Ceci dit, on conçoit facilement que la vitesse de la machine augmentant, son arbre et celui du modérateur tournent plus vite, ce qui écartera davantage les boules ; celles-ci feront alors monter l'anneau qui agira à son tour sur le papillon, de façon à diminuer l'orifice de passage de la vapeur. Dès lors, la machine recevant moins de vapeur dans le cylindre, sa vitesse se ralentit, les boules se rapprocheront, et l'anneau descendant, forcera le papillon à rouvrir plus en grand l'orifice d'introduction.

Description d'une machine à échappement libre.

Tels sont les organes principaux qui entrent dans la composition de l'ensemble d'une machine à vapeur, et que l'on voit réunis sur la figure 60 qui représente une machine horizontale à échappement libre.

La vapeur arrive par le conduit *a* dans la boîte à vapeur A, et de là est distribuée alternativement aux chambres *b* et *c* du cylindre B, par les lumières *e* et *f*, pour s'évacuer ensuite dans l'air quand elle a servi, par la lumière d'échappement *g*.

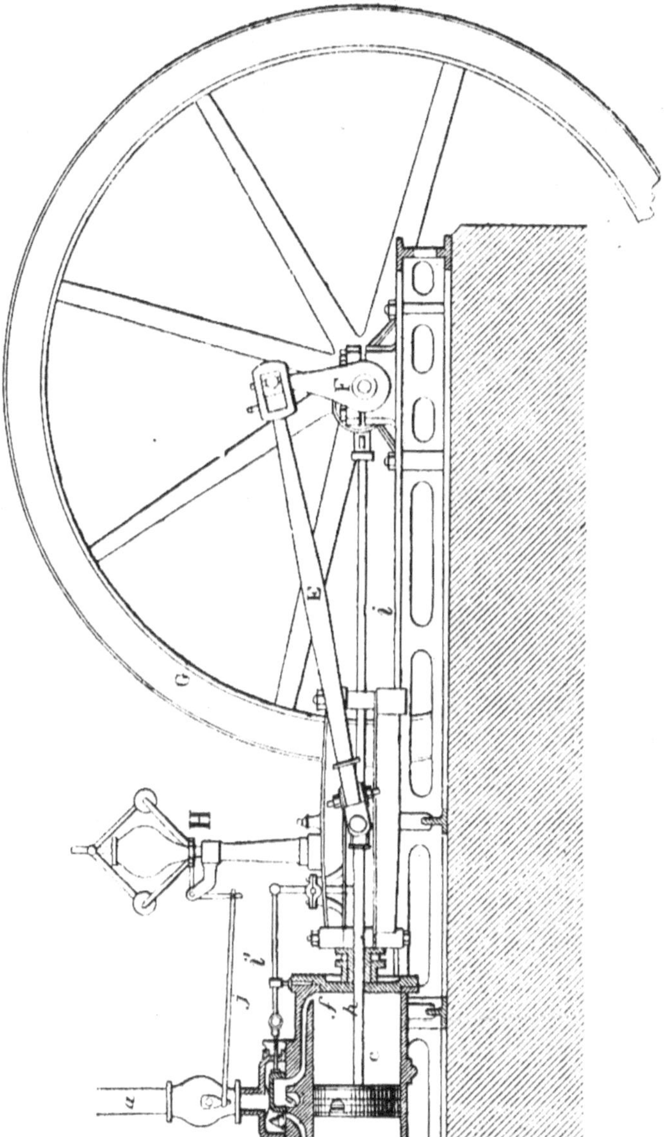

Fig. 60

Le piston D, par l'intermédiaire de la tige *h*, de la bielle E et de la manivelle F, fait en définitive tourner d'un mouvement continu l'arbre muni de son volant G.

On aperçoit derrière la manivelle l'excentrique, dont la barre *i*, visible également sur la figure, actionne par un renvoi de mouvement la tige *i* du tiroir, lequel assure la distribution.

Enfin l'on voit le modérateur H, qui règle l'admission de la vapeur en A, par l'intermédiaire du système articulé *j*.

CHAPITRE IX

DÉTENTE ET CONDENSATION

Détente.

Dans les explications qui précèdent, j'ai admis que l'introduction de la vapeur dure tout le temps de la course du piston.

On donne le nom de détente à une disposition qui a pour effet de fermer l'admission de la vapeur, avant que le piston soit arrivé à la fin de sa course ; pendant le reste de celle-ci, la quantité de vapeur qui agit sur le piston n'augmente plus, mais elle continue à le pousser en augmentant de volume et en diminuant progressivement de pression : on profite ainsi d'un *travail d'expansion* de la vapeur, qui aurait été perdu dans le fonctionnement sans détente.

On arrive au résultat ci-dessus, soit en munissant de rebords appelés *recouvrements* les bords *AV* et *AR* des tiroirs ordinaires à coquille (*détente par recouvrement*) ; soit au moyen d'organes spéciaux ajoutés aux tiroirs proprement dits (*détentes à deux tiroirs superposés, détente Meyer, détente Farcot*) ; soit en remplaçant les tiroirs tels que je les ai décrits, par des organes de distribution qui effectuent séparément l'introduction de la vapeur dans le cylindre et son échappement (*détente Corliss, détente Sulzer*). Enfin, l'on fait travailler la vapeur par détente dans les machines à plusieurs cylindres successifs (*ordinairement deux*), où la vapeur qui a travaillé dans un cylindre et s'y est déjà en partie détendue, se rend dans un cylindre plus grand pour y travailler avec une nouvelle détente (*machines Wolff, compound*).

Détente par recouvrements. — Dans ce livre élémentaire, je me bornerai à parler de la détente obtenue au moyen du tiroir ordinaire à coquille, lorsque ses bords *AV* et *AR* sont munis de recouvrements.

Ces appendices (fig. 61) sont des rebords *b, b'* qui prolongent vers l'*AV* et vers l'*AR* les bords du tiroir T, de manière que ceux-ci soient plus grands que les lumières *a* et *a'*.

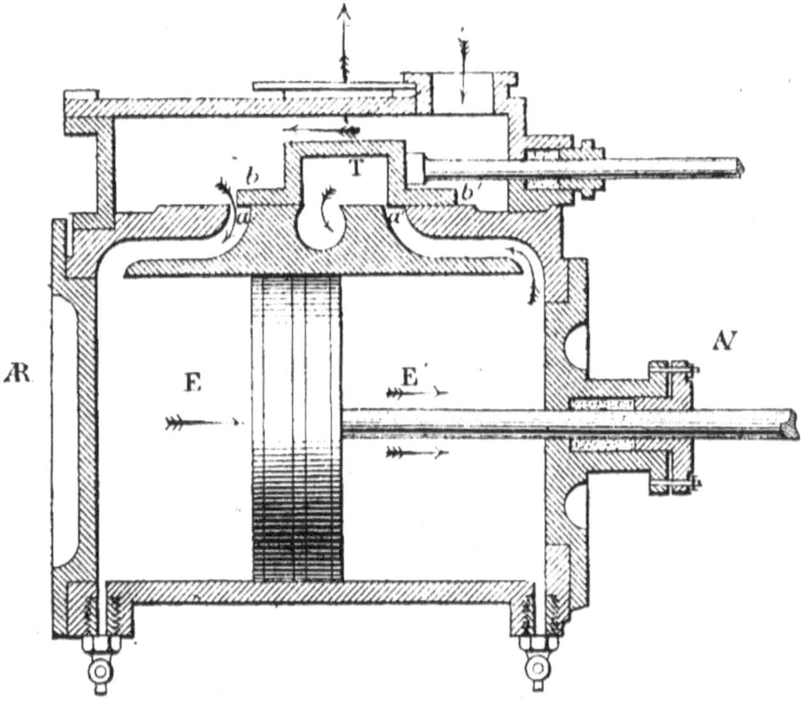

Fig. 61

Lors du va et vient du tiroir à coquille, ainsi modifié, il existe un petit espace de temps, soit à l'aller, soit au retour du piston, où la lumière qui admettait la vapeur dans le cylindre, se trouve masquée entièrement par le recouvrement du tiroir situé de son côté, sans que pour cela l'autre lumière soit découverte ; c'est alors que la vapeur travaille par détente, puisque l'admission ayant cessé, le piston ne continue sa course que sous l'action de la force expansive de la vapeur, comme je l'ai dit ci-dessus.

La détente ayant lieu pendant tout le temps du passage du tiroir sur les lumières, alors qu'elles sont toutes deux fermées, on conçoit que plus les recouvrements sont étendus, plus la détente est considérable.

A mesure qu'on augmente la détente, la machine devient moins puissante, mais plus économique, puisque la dépense de vapeur dépend de la durée de l'ouverture des lumières d'admission, et qu'en même temps la vapeur est mieux utilisée[54].

---

54 Pour ceux qui s'intéresseraient à ces questions de machines et qui voudraient se rendre compte avec plus de détails de leur fonctionnement, voici un exemple qui précisera les notions indiquées ici par l'auteur du livre. Mais il est bien entendu que les applications ci-après, nécessairement un peu complexes, ne devront être étudiées que par ceux qui auraient les connaissances nécessaires pour les comprendre avec netteté. Les autres feront mieux de se contenter des indications générales fournies par l'auteur.

Supposons un cylindre dont le piston ait 30 centimètres de diamètre (superficie 707 centimètres carrés) et 55 centimètres de course, et où la vapeur, fournie par un générateur marchant à 6^k, agit sur le piston avec 5^k de pression effective utile quand elle travaille à pleine pression. Si l'on ne fait pas de détente, le piston est poussé tout le temps avec une force de 5 x 707 ou 3535 kilogrammes ; la machine produit à chaque coup de piston un travail de 3535 x 0,55 ou 1944 kilogrammètres. Pour cela, on dépense un volume de vapeur qui est le volume laissé par le piston derrière lui, soit 707 x 55 ou 38885 centimètres cubes : plus le petit espace qui existait au commencement entre le piston à fond de course et le fond du cylindre (espace nuisible), et que nous évaluerons à 1945 centimètres cubes ; on dépense donc 40830 centimètres cubes, ou 40^l,83 de vapeur. Comme la vapeur à 5^k de pression effective pèse 3^g,16 le litre, le poids de vapeur dépensé par coup de piston est 3,16 x 40,83 ou 129 grammes. On produit donc 1944 kilogrammètres avec 129 grammes de vapeur, soit 1944/129 ou 15 kilogrammètres par gramme de vapeur.

Supposons maintenant qu'on ne fasse entrer de la vapeur dans le cylindre que pendant les 4/10 de la course, et que pendant le reste de la course, cette vapeur travaille en se détendant. Le piston sera d'abord poussé avec une force de 5 x 707 ou 3535 kilogrammes sur une longueur égale aux 4/10 de 55 centimètres, ce qui fera un travail égal aux 4/10 de 1944 kilogrammètres, soit 778 kilogrammètres. Ensuite, le piston sera poussé par une pression effective progressivement décroissante, qui sera 5^k au commencement, environ 1^k,4 à la fin, et dont la valeur moyenne sera seulement à peu près 2^k,5, parce que dans le commencement elle décroît plus vite qu'à la fin. Le piston sera poussé avec cette pression moyenne de 2^k,5, et par conséquent avec une force moyenne de 2,5 x 707 ou 1767^k,5, sur une longueur égale aux 6/10 de 55 centimètres, c'est-à-dire sur 33 centimètres ; ce qui fait un travail de 1767,5 x 0,33 ou 583 kilogrammètres. Au total le coup de piston donnera donc un travail de 778 +583 ou 1361 kilogrammètres (au lieu qu'il faisait 1944 kilogrammètres dans le fonctionnement sens détente). Seulement, pour cela, on n'emploiera qu'un volume de vapeur égal aux 4/10 de 38885 centimètres cubes, ou 15554 centimètres cubes, plus les 1945 centimètres cubes d'espace nuisible, soit en tout 17499 centimètres cubes de vapeur, ou 17^l,50 (au lieu de 40^l,83). Le poids de vapeur employé pour le coup de piston sera 3,16 x 17,5 ou 55^{gr},3. On produira donc 1361 kilogrammètres avec 55^{gr},3 de vapeur, soit 1361/55,3 ou 24^{kgm},6 par

Machines compound. — Je ne puis quitter ce sujet de la détente sans parler des *machines compound.*

On appelle ainsi une machine où la vapeur travaille successivement dans plusieurs cylindres de plus en plus grands. Le plus généralement ces cylindres sont au nombre de deux. La vapeur, arrivant de la chaudière, est distribuée au petit cylindre ; là, elle travaille d'abord à pleine pression, et subit en outre une première détente, quand la distribution est disposée à cet effet, ce qui est le cas ordinaire. Lorsque la vapeur sort de ce cylindre, elle est donc à une moindre pression, et en même temps plus volumineuse que lorsqu'elle y était entrée ; on la distribue alors à un second cylindre, qui doit nécessairement être plus grand que le premier, puisque la vapeur devient de plus en plus volumineuse à mesure qu'elle se détend ; là, elle travaille de nouveau par expansion.

Les figures 62 et 63 donnent un exemple de machine compound à deux cylindres. Dans la position où sont figurés les tiroirs et les pistons, on voit que la vapeur arrive par le conduit A, passe par la valve ou le robinet de prise de vapeur B, se rend à la boîte à vapeur du tiroir C, qui la conduit dans le petit cylindre D, sous le piston P ; la vapeur qui se trouve au-dessus de ce piston s'échappe par E et par F, pour arriver dans la boîte à vapeur du tiroir C' et, de là, dans le grand cylindre D' où elle agit par détente sous le piston P'. Enfin, la vapeur qui se trouve au-dessus de ce piston s'échappe par E' et B', pour aller soit au condenseur, soit au dehors.

On a soin, le plus souvent, dans une machine de ce genre de disposer les deux manivelles, sur lesquelles agissent les pistons, à angle droit et l'une sur l'autre, afin qu'elles ne passent pas ensemble aux points morts. De cette manière, pendant la marche de la machine, l'un des pistons a sa plus grande action pour faire tourner l'arbre, quand au contraire l'autre est sans action à cause de son passage à un point mort. Il y a donc constamment un piston au moins, qui agit utilement, et la rotation de l'arbre se trouve régularisée.

Pour démarrer, si la manivelle du petit cylindre est à un point mort, son piston ne peut agir utilement ; mais comme d'autre part, la vapeur, d'après

gramme de vapeur,(au lieu de 15).

Si la machine tourne à 50 tours par minute, et donne par conséquent 100 coups de piston par minute, elle développe dans le 1er cas 194400 kilogrammètres par minute, c'est-à-dire 194400/60 ou 3240 kilogrammètres par seconde, soit environ 43 chevaux, en dépensant 12900 x 60 ou 774000 grammes de vapeur par heure, ce qui fait 18^k de vapeur par cheval et par heure ; dans le 2e cas, en tournant à la même vitesse, elle développe 136100 kilogrammètres par minute, c'est-à-dire 136100/60 ou 2268 kilogrammètres par seconde, soit 30 chevaux, en dépensant 5530 x 60 ou 331800 grammes de vapeur par heure, ce qui ne fait plus que 11^k de vapeur par cheval et par heure. — C. W.

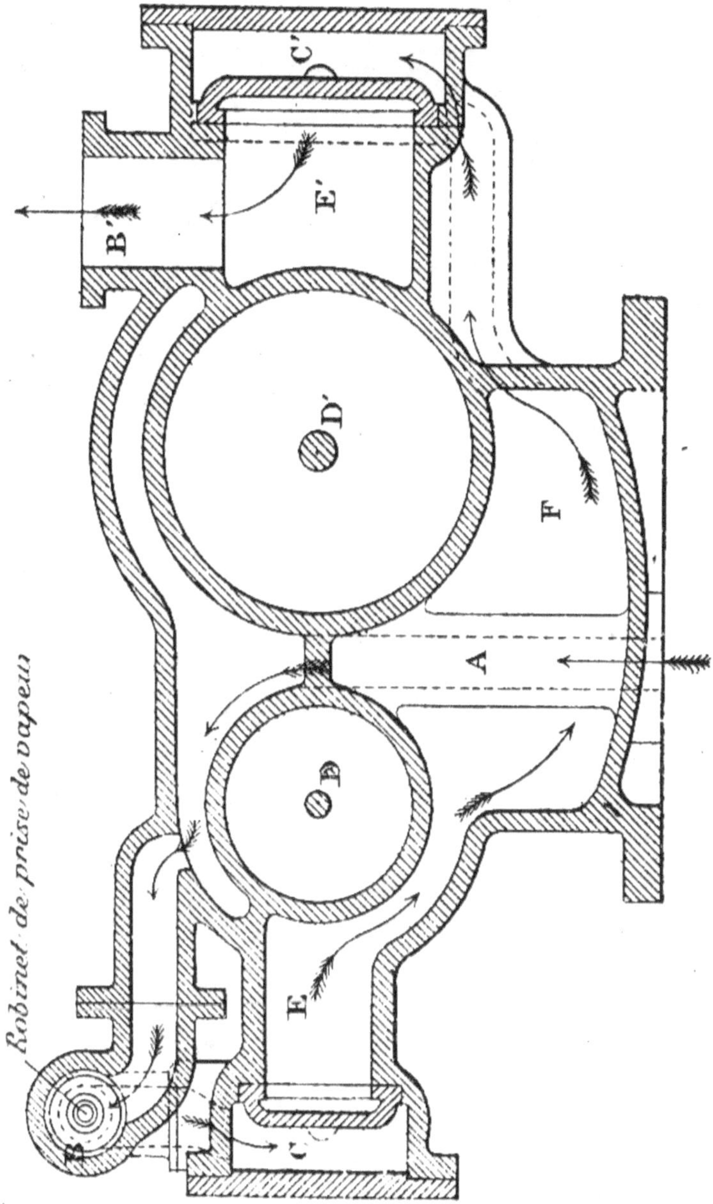

Fig. 62

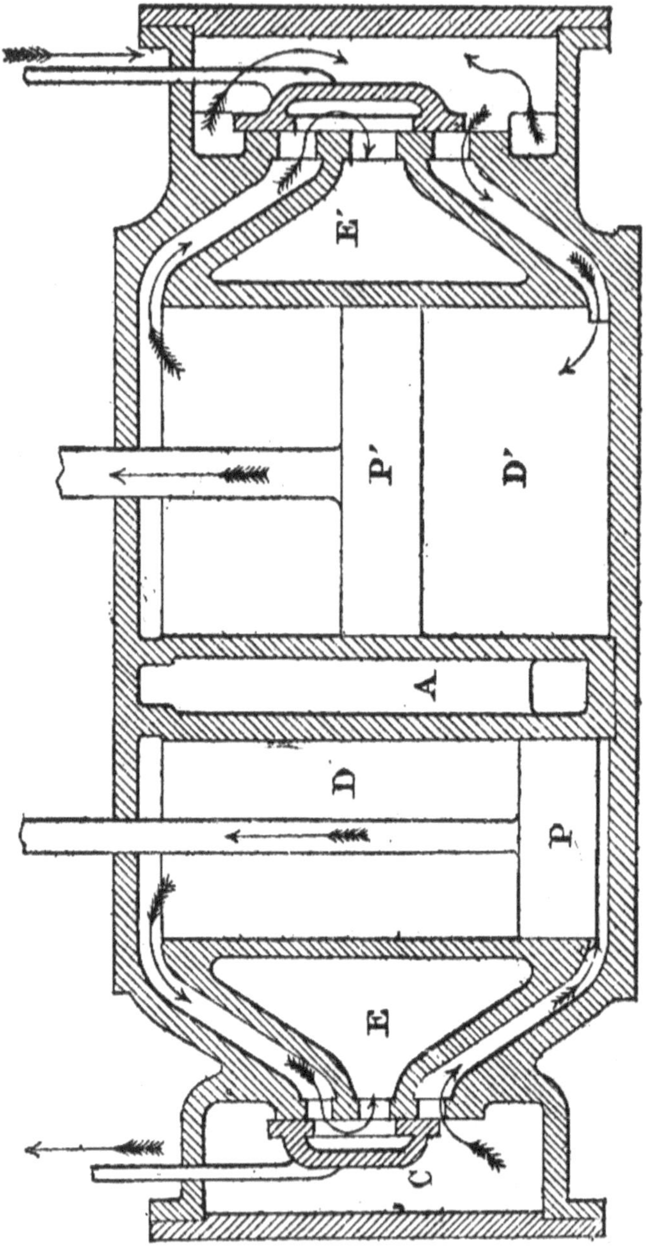

Fig. 63

ce que j'ai dit, n'arrive au grand cylindre qu'après avoir travaillé dans le petit, il en résulte, dans le cas que nous examinons, qu'elle n'aurait pas d'accès au grand cylindre, et le piston de ce dernier, bien que sa manivelle ne soit pas à un point mort, ne pourrait mettre la machine en route, parce qu'aucune vapeur ne viendrait le pousser.

A ce point de vue, si telles étaient les choses, il n'y aurait donc pas de progrès sur la machine à un seul cylindre. Mais les constructeurs ont soin, en général, de munir les machines compound d'un dispositif spécial appelé *dépiqueur* : c'est un tuyau, pourvu d'un robinet, qui permet d'amener directement la vapeur de la chaudière dans le grand cylindre. Quand la machine ne peut démarrer à la façon ordinaire parce que son petit piston a sa manivelle au point mort, on ouvre avec précaution le dépiqueur, et elle se met en mouvement grâce au piston du grand cylindre ; mais il faut avoir soin, dans cette opération, de ne pas amener dans ce dernier cylindre, qui ne peut recevoir d'aussi fortes pressions que le petit, une tension supérieure à celle qu'il peut supporter sans danger.

Condensation

On donne le nom de *condenseurs* à des appareils qui ont pour but de condenser, c'est-à-dire de faire revenir à l'état d'eau, la vapeur qui a travaillé dans la machine, soit en la faisant arriver dans une chambre où jaillit de l'eau froide (*condenseur par mélange*), soit en la faisant traverser un faisceau tubulaire entouré d'eau froide (*condenseur par surface*).

Je ne parlerai ici que des premiers, qui sont les plus employés sur les machines fonctionnant à terre et sur les fleuves et rivières.

Un condenseur par mélange se compose dans ses parties essentielles d'une *chambre à vide*, où aboutit l'échappement, d'une *bâche* d'alimentation d'eau qui fournit à cette chambre l'eau froide nécessaire au moyen d'un robinet d'injection, enfin d'une pompe appelée *pompe à air*, qui doit retirer continuellement de la chambre à vide l'eau d'injection, celle provenant de la condensation de la vapeur, et même l'air (car il s'en trouve), de manière à entretenir le vide dans cet organe.

La condensation a pour principal objectif de diminuer considérablement la contre-pression due à la pression atmosphérique, dans la chambre du cylindre où la vapeur a fini de travailler.

C'est ainsi que la vapeur d'une chaudière arrivant avec une pression absolue de 6 atmosphères, par exemple, dans l'une des chambres du cylindre d'une machine à échappement libre, il n'y a en réalité que 5 atmosphères qui agissent utilement sur le piston, attendu qu'une atmosphère est annulée par la pression atmosphérique qui existe dans l'autre chambre, et qui agit sur la face opposée du piston.

Mais, avec un condenseur, il n'en est plus de même, l'échappement au lieu de se faire à l'air libre, et par conséquent de permettre à la pression atmosphérique d'agir dans le cylindre, se fait dans un endroit clos, où la condensation de la vapeur détermine un vide relatif que l'on maintient au moyen de la pompe à air[55].

---

55 Dans le même esprit et sous les mêmes réserves que pour la note précédente, voici un exemple propre à faire apprécier l'utilité de la condensation à ceux des lecteurs que la question intéresserait et qui auraient les connaissances nécessaires pour bien comprendre nos explications.

Quand on n'emploie pas de condenseur, la partie du cylindre qui est en communication avec l'atmosphère a une pression non seulement égale à la pression atmosphérique, mais même un peu supérieure, parce que la vapeur qui s'écoule du cylindre dans l'air en passant par une des lumières, par l'intérieur du tiroir et par le conduit d'échappement, a nécessairement dans le cylindre une pression un peu plus forte que dans l'air où elle s'écoule. Cette vapeur a, par exemple, une pression absolue de $1^a,12$. — Si au contraire on emploie un condenseur, le vide au condenseur sera, par exemple, de 60 centimètres de mercure : cela veut dire que tandis que la pression atmosphérique fait équilibre, dans un baromètre à mercure, à une colonne de mercure de 76 centimètres de hauteur, la pression qui régnera dans le condenseur ne ferait équilibre qu'à une colonne de mercure de 76 - 60 ou 16 centimètres de hauteur. Cette pression au condenseur sera donc seulement 16/76 d'une atmosphère, ou $0^a,21$. Dans le cylindre, il y aura un peu plus : admettons comme dans le premier cas $0^a,12$ en sus : cela fera $0^a,33$. Ainsi, il y aura pour résister au mouvement du piston une pression de $0^a,33$, tandis qu'il y avait $1^a,12$ dans la marche sans condenseur. La différence de ces pressions est $0^a,79$, c'est-à-dire 0,79 x 1,033 ou $0^k,82$ par centimètre carré. Si le piston a $0^m,30$ de diamètre ou 707 centimètres carrés de surface, c'est une diminution de 580^k dans la force résistante, c'est donc un gain de 580^k pour la force motrice exercée par la tige du piston. Si celui-ci a $0^m,55$ de course, c'est une augmentation de travail de 319 kilogrammètres par coup de piston ; si la machine marche à 50 tours et donne par suite 100 coups de piston par minute, c'est une augmentation de 31900 kilogrammètres par minute, ou 531,7 kilogrammètres par seconde, ou 7 chevaux. Si la machine faisait 30 chevaux sans condenseur, elle en fera 37. Mais le gain réel ne sera toutefois pas aussi grand, parce qu'il faut déduire de là la puissance nécessaire pour faire marcher la pompe à air. On est obligé, pour la condensation, de laisser injecter dans le condenseur un poids d'eau égal à 25 fois au moins le poids de vapeur à condenser ; il faut que la pompe à air retire toute cette eau, plus l'eau provenant de la vapeur condensée, plus l'air que l'eau injectée contenait en dissolution. Cela exige un travail qui peut aller à 2 1/2 pour 100 du travail moteur. Le jeu de la pompe à air absorbera donc 37 x 0,025 ou $0^{ch},925$, soit environ 1 cheval. Au lieu de 30 chevaux que la machine fournissait sans condenseur, elle en fournira 36. Si la dépense de vapeur est de $331^k,8$ par heure comme nous l'avons admis dans la note de la

Je dis vide relatif, car il reste toujours une petite quantité d'air dans la chambre à vide, ce qui provient d'une part de l'eau injectée, ainsi que de la vapeur condensée, qui le détiennent en dissolution, et d'autre part de la non-étanchéité parfaite des joints de l'appareil, qui permet à l'air extérieur de rentrer un peu.

La description suivante d'une machine verticale à condensation, nous permettra de nous rendre compte des dispositions d'un condenseur par mélange, mais auparavant je rappelle que si l'eau chaude, qu'on extrait de cet appareil peut servir à l'alimentation des chaudières, il est indispensable de la débarrasser au préalable des huiles qui surnagent, et qui proviennent des vapeurs graisseuses du cylindre.

Description d'une machine à condensation. – (fig. 64). – La tige *a* du piston A qui se meut dans le cylindre B, est reliée par l'intermédiaire du parallélogramme de *Watt b, e, f, h*, au balancier D, mobile d'un mouvement de va et vient sur son axe *c*.

Ce balancier porte à son autre extrémité *d* une bielle E, qui vient saisir en *i* le bouton de la manivelle F fixée à l'arbre de la machine ; de sorte que le mouvement alternatif rectiligne de la tige du piston, est transformé finalement en un mouvement circulaire continu de cet arbre, sur lequel se trouve monté le volant G, qui doit assurer la régularité du mouvement ; ce mouvement régulier se transmet aux machines diverses employées dans l'usine.

Sur l'arbre est monté également un excentrique, qui imprime un mouvement de va et vient aux tringles *j, j'* que porte son collier, et qui amène constamment, au moyen d'un jeu de leviers, le tiroir dans les positions qu'il doit occuper, afin d'assurer la distribution de vapeur.

---

page 109, la consommation de vapeur par cheval et par heure était 11^k sans condenseur ; elle sera 331,8/36 ou 9^k,2 seulement avec condenseur.

En réalité ces deux chiffres de consommation sont l'un et l'autre trop faibles, parce que, tant dans la note de la page 109 que dans celle-ci, nous avons, pour simplifier, laissé de côté un certain nombre de pertes. D'autre part leur écart n'est pas assez grand, parce que nous venons de supposer qu'on marchait avec le même degré de détente dans les deux cas, tandis qu'on est conduit, lorsqu'on emploie la condensation, à diminuer la fraction de la course pendant laquelle la vapeur est admise à pleine pression, ce qui rend (ainsi qu'on le comprend d'après la note de la page 109) la machine plus économique. En réalité, on peut dans de bonnes conditions consommer dans les 10^k de vapeur par cheval effectif et par heure avec une machine munie d'un condenseur, et 15 ou 18^k au moins avec une machine sans condenseur. — C. W.

En outre, l'arbre porte encore une poulie sur la gorge de laquelle passe une courroie sans fin *k, k'*, qui repose également sur la gorge d'une autre poulie *i*, dont le mouvement se transmet par un engrenage conique à la tige verticale *m*, qui actionne le régulateur H, lequel agit sur l'introduction de la vapeur *n*.

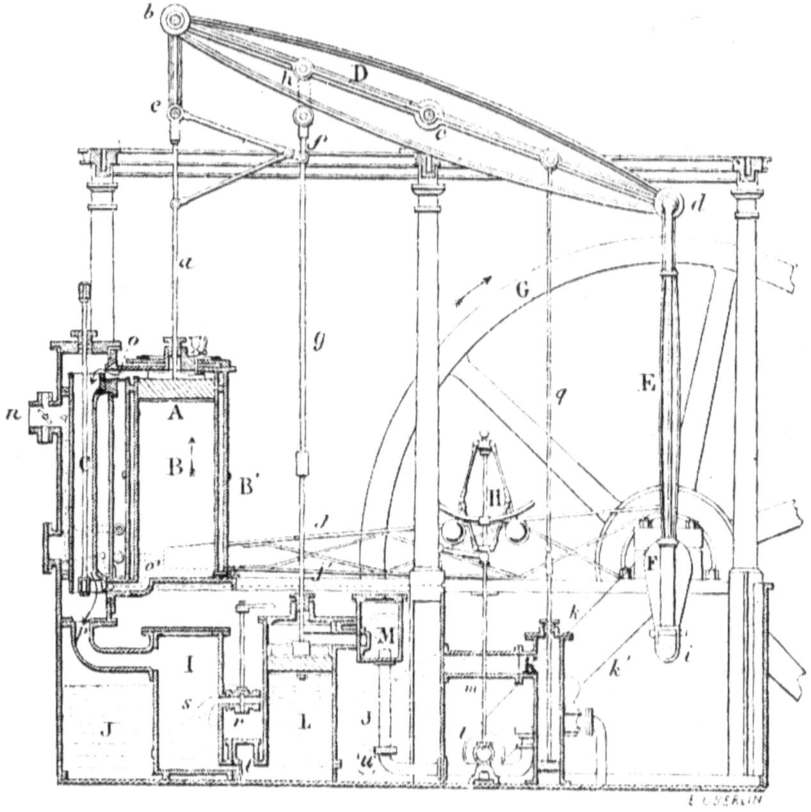

Fig. 64

Le balancier fait aussi mouvoir les tiges de plusieurs pompes servant à entretenir le jeu du système : pompe d'alimentation de la chaudière, pompe approvisionnant d'eau la bâche du condenseur, pompe à air de ce dernier.

Ceci dit, voyons comment cette machine fonctionne, mais auparavant remarquons que la vapeur arrive par le conduit *n*, et que la figure représente le piston quand il monte encore et va bientôt arriver en haut de sa course. L'échappement s'achève par le conduit *o*, le canal du tiroir C et le conduit *p* aboutissant dans la chambre à vide *l* du condenseur. Mais le tiroir remonte et cet échappement va cesser ; la lumière *o'* va s'ouvrir à son tour et mettre la partie du cylindre située au-dessous du piston, par *o'* et *p*, en communication avec *l*. En même temps l'élévation du tiroir va rouvrir la lumière *o* en la mettant, cette fois, en communication avec la vapeur amenée dans la chambre à vapeur par le conduit *n*. A ce moment le piston est arrivé tout en haut de sa course, et l'on voit que les choses sont maintenant disposées pour qu'il redescende, c'est-à-dire la partie du cylindre située au-dessus du piston en communication avec la pression, et celle située au-dessous en communication avec l'échappement.

La chambre à vide du condenseur est entourée par l'eau froide contenue dans la bâche J, où elle est constamment versée par la pompe à eau K, dont la tige *q* s'articule au balancier. La pression atmosphérique qui s'exerce sur la surface de l'eau contenue dans la bâche, fait que celle-ci pénètre dans le tuyau *r*, et se trouve continuellement injectée par l'orifice *s*, dans la chambre à vide *1*, où aboutit la vapeur d'échappement qui doit s'y condenser.

Le tuyau *r* est pourvu d'un robinet qui règle la quantité d'eau injectée. D'autre part, l'intérieur de la chambre I, communique par la soupape *t* avec la pompe à air L, dont la tige *g* s'articule également au balancier, et qui extrait en même temps que l'eau chaude provenant de l'eau injectée et de la vapeur condensée, l'air qui s'y trouve toujours pour les causes que j'ai déjà indiquées. A cet effet le piston de la pompe L est muni de deux soupapes qui s'ouvrent de bas en haut, et par où passent l'eau et l'air pour se rendre dans une boîte M, d'où l'eau s'en va, en majeure partie, par un trop-plein. Toutefois, on prélève sur cette eau tiède la quantité nécessaire pour l'alimentation de la chaudière. Cette eau est extraite, en suivant le tuyau *u*, par la pompe alimentaire, non visible sur la figure, parce qu'elle se trouve derrière la pompe à eau K ; la tige de cette dernière pompe, comme celles des précédentes, s'articule au balancier.

CHAPITRE X

CONDUITE DES MACHINES

Pour mettre en marche une machine à vapeur à un seul cylindre (je laisse de côté le cas des machines à plusieurs cylindres), il faut d'abord amener, si besoin est, le piston dans une position qui permette facilement le démarrage, c'est-à-dire que la manivelle doit être en dehors des points morts. En outre, cette position de démarrage doit être choisie de manière que l'eau de condensation, qui va se former quand la vapeur arrivera dans le cylindre encore froid, puisse être facilement évacuée au-dehors par le ou les purgeurs : sans quoi l'on risquerait de donner un coup d'eau dans le cylindre.

Si donc on a affaire à un cylindre vertical ou oblique, il faut placer la manivelle en dehors des points morts, et de manière que la vapeur s'introduise d'abord sous le piston : c'est en effet de cette manière que la première eau de condensation, produite au contact du cylindre encore froid, s'évacuera par le robinet purgeur que porte le fond inférieur de cet organe.

Si le cylindre est horizontal, et qu'il soit muni d'un purgeur à chacune de ses extrémités, il faut toujours placer la manivelle en dehors des points morts, mais peu importe au point de vue du départ de l'eau de condensation, que le premier mouvement se fasse d'*AR* en *AV* ou d'*AV* en *AR* ; si au contraire on avait affaire à une machine dont le cylindre n'aurait qu'un purgeur, il faudrait s'arranger pour faire arriver la vapeur d'abord de son côté.

Cela fait, on vérifie si les robinets purgeurs sont ouverts, car c'est ce qu'il ne faut jamais oublier de faire sous peine de donner un coup d'eau. On graisse toutes les surfaces frottantes, puis on ouvre peu à peu d'abord la prise de vapeur, et ensuite le régulateur, de manière que la machine se mette en marche lentement ; cela est indispensable, pour éviter les entraînements d'eau de la chaudière à la machine, les emballements de celle-ci, et afin que le cylindre puisse s'échauffer peu à peu, pendant l'évacuation des eaux de condensation.

On laisse la rotation s'accélérer petit à petit, en réglant l'ouverture de la vanne d'arrivée de vapeur, de manière qu'elle ne dépasse pas la vitesse voulue, et on laisse les purgeurs ouverts jusqu'à ce qu'ils ne fournissent plus d'eau, mais seulement de la vapeur ; alors on les ferme. La machine étant en marche normale, il faut avoir soin de tenir toutes les surfaces frottantes dans un état de lubrification convenable pour prévenir tout échauffement, et maintenir sa vitesse à la valeur du régime qui lui est propre sans jamais la dépasser. Un emballement de la machine pourrait amener des avaries dangereuses, et notamment faire éclater le volant.

Le cylindre doit être graissé fréquemment et par petites quantités de matière lubrifiante : si quand on le graisse, la machine accélère sa vitesse, c'est signe qu'on avait trop tardé à graisser. C'est encore signe que le graissage est défectueux, lorsqu'on entend le piston grincer en marchant.

Enfin quand on entend un bruit de claquement ou de choc dans la machine, c'est ou bien qu'il y a de l'eau dans le cylindre, auquel cas l'ouverture des purgeurs doit être faite aussitôt et doit faire cesser le bruit ; ou bien qu'il y a un segment cassé ou quelque autre avarie intérieure : il faut dans ce cas arrêter aussitôt sous peine de danger.

Il va sans dire qu'il faut avoir soin de faire en sorte non seulement que la machine tourne, mais encore que tous les appareils accessoires qu'elle doit conduire : pompe alimentaire, pompe à air, pompe de bâche, etc., soient en bon fonctionnement régulier et assuré.

On arrête une machine, en fermant d'abord la prise de vapeur sur la chaudière, afin que la vapeur existant en ce moment dans la conduite s'écoule vers le cylindre, puis on ouvre les purgeurs, et on ferme la vanne d'arrivée de vapeur sur la machine.

Aussitôt après l'arrêt, on passe la revue de la machine : si l'on constate qu'elle n'a besoin d'aucune réparation, il faut tout au moins la nettoyer ; il convient, autant que possible, de procéder au nettoyage extérieur quand les pièces sont encore chaudes, car le travail est plus facile en cet état. Maintenant, si l'on a à démonter quelques organes, soit pour une vérification à l'intérieur, soit pour une réparation, il faut avoir bien soin de n'ouvrir aucune pièce avant contenu de la pression, avant d'être certain que celle-ci est absolument disparue, et que la pièce est suffisamment refroidie pour qu'il ne puisse plus sortir de buée brûlante au moment de l'ouverture du joint[56]. Sous cette réserve, d'ailleurs, il n'est pas mauvais, dans la mesure où on le peut sans aucun danger, de desserrer les boulons que l'on a à défaire, avant qu'ils soient complètement refroidis ; on est en effet mieux à même d'y arriver sans trop forcer dessus.

Aux règles ci-dessus, il convient d'ajouter quelques détails spéciaux relatifs aux machines à condensation.

Lors de leur mise en route, on doit ouvrir légèrement le robinet d'injection au condenseur, ouverture qu'on augmente ensuite de plus en plus, proportionnellement à l'admission de la vapeur dans le cylindre.

Si en procédant ainsi, il arrivait que la condensation ne fonctionnât point, il faudrait alors produire le vide dans la chambre à vide du condenseur, en l'échauffant d'abord par un jet de vapeur arrivant de l'échappement du cylindre, ou même directement de la chaudière, puis le refroidissant par une arrivée d'eau froide..

Lors de l'arrêt, il faut avoir soin avant de supprimer l'arrivée de vapeur à la machine, de fermer le robinet d'injection du condenseur, afin d'empêcher l'eau d'affluer dans la chambre à vide, alors que la pompe à air cesserait de fonctionner : cette eau appelée par le vide arriverait en effet dans le cylindre et y donnerait un coup d'eau.

Telles sont les règles sommaires de la conduite d'une machine à vapeur simple : ne pas oublier d'ouvrir les purgeurs, mettre doucement en marche, graisser fréquemment, être attentif à tout indice de dérangement, de grippement ou de coup d'eau ; voilà les précautions les plus essentielles à avoir présentes à l'esprit.

56 A plus forte raison cette règle de prudence s'applique-t-elle aux parties de chaudières, récipients, conduites et tuyaux de vapeur.

CHAPITRE XI

RÉPARATIONS COURANTES

Il est un certain nombre de petites réparations que tout chauffeur doit savoir faire, et pour lesquelles son patron n'a pas besoin d'appeler d'autres personnes.

C'est ainsi qu'il doit savoir par exemple établir une garniture, préparer et exécuter un joint, faire un rodage, remplacer un tube de niveau.

Je vais indiquer rapidement ce qu'il convient de faire dans chacun de ces cas.

Garnitures. — Si l'on veut faire une garniture à un bouchon de robinetterie vissé, il faut prendre quelques brins de filasse de chanvre, que l'on enroule sur les premiers filets de la vis, à la naissance de la tête ; en vissant, on presse sur le petit bourrelet, qui étanche alors hermétiquement le joint.

Pour la garniture d'*un presse-étoupe de tige de piston ou de tige de tiroir,* on prend de la filasse de chanvre en quantité proportionnée à la capacité de la boîte à étoupe ; on la nettoie des pailles, en l'effilant en une mèche ayant autant que possible la même épaisseur dans toute sa longueur ; on lubrifie la mèche en la frottant avec un morceau de graisse ou de suif ; on la plie en deux, et tordant les deux brins l'un sur l'autre, on en fait une sorte de corde dont on arrête les deux extrémités avec un filament de chanvre noué dessus. Cela fait, et la boîte à étoupe ayant été préalablement nettoyée, on y introduit la tresse de filasse, en la contournant autour de la tige du piston ou du tiroir, et en la poussant dans la boîte, pendant qu'on l'enroule ; lorsque tout est entré, on rapproche le presse-étoupe, en ayant soin de mettre le trou à huile en l'air, et de faire entrer les boulons dans les logements correspondants. A l'aide des écrous que l'on revisse, on opère doucement un serrage modéré, qui refoule la garniture et assure ainsi l'étanchéité. Si, après quelque temps de marche, une fuite de vapeur se manifeste autour de la tige, on resserre légèrement le presse-étoupe, en agissant méthodiquement sur les écrous, pour ne pas le faire pénétrer de biais.

Quand il s'agit de faire une *garniture au presse-étoupe du papillon*, on prépare une mèche de filasse et on nettoie la boîte comme il vient d'être dit; seulement au moment d'introduire la filasse, on appuie sur la tige, dans toute sa longueur, un fil de fer rectiligne d'un à deux millimètres d'épaisseur, et c'est sur ce fil ainsi que sur la tige du papillon qu'on enroule la mèche.

Toute la mèche introduite, on retire le fil de fer, on rapproche le presse-étoupe, et on opère le serrage en vissant les écrous. Cette précaution de l'emploi du fil de fer, a pour but d'éviter une trop grande compression de la garniture de la tige du papillon, qui serait alors gênée dans son jeu, dont la liberté est indispensable à la régularité de la marche de la machine.

On doit serrer légèrement le presse-étoupe et la filasse a besoin d'être bien graissée. Lorsque la garniture est sèche, elle durcit et gêne le mouvement du papillon : c'est l'indice qu'elle a besoin d'être renouvelée.

Enfin, supposons qu'il s'agisse de faire une garniture *au raccord d'un tuyau* (tuyau purgeur, tuyau d'alimentation), il est essentiel de laisser bien libre le trou par où passe l'eau ou la vapeur.

Pour cela on prépare et on lubrifie de suif une mèche de filasse, comme d'ordinaire ; puis on en fait un anneau fermé de même diamètre que le tuyau ; on enroule les bouts de la mèche sur l'anneau, de façon à l'empêcher de s'effiler quand elle sera pressée ; on pose l'anneau de filasse ainsi préparé, sur le collet du tuyau engagé dans l'écrou de raccord, que l'on rapporte vis à vis du filetage ; enfin on visse l'écrou qui serre la garniture et maintient le joint.

Joints. — On commence d'abord par préparer le mastic : à cet effet, on prend environ la valeur d'une livre de minium qu'on étale sur une plaque métallique, puis à peu près le même poids de céruse, qu'on verse au milieu du minium ; on rejette celui-ci dessus, et à la main ou avec un couteau, on le fait pénétrer dans la masse de céruse ; on pétrit et on commence à battre, pour continuer le mélange avec un bout de bois assez lisse, afin que le mastic ne s'attache pas après ; ensuite on étale et rassemble tour à tour la masse, que l'on pétrit à la main comme une pâle.

Un bon mastic doit d'abord être pétrissable ; ensuite il ne doit pas coller aux doigts ; enfin quand on le replie sur lui-même, il doit se souder, sans rester feuilleté. A cet effet, pendant le battage du mastic, on ajoute du minium ou de la céruse selon son apparence, en se rappelant que le premier tend à le faire gercer, tandis que l'autre au contraire tend à le rendre collant.

Le mastic étant fait, ce qui demande environ trois quarts d'heure de travail pour la quantité d'un kilogramme, qu'il est bon de ne pas dépasser, voici comment on prépare un joint.

Si l'on a affaire à un *bouchon de regard*, on nettoie d'abord la surface du joint, et on enduit le siège du bouchon de céruse qui sert à faire adhérer le mastic au métal; puis on prend un peu de mastic, et on fait à la main un boudin que l'on colle dans l'angle du siège du bouchon ; on applique dessus une mèche de chanvre à laquelle on fait faire plusieurs tours, en l'arrangeant de telle sorte que le dernier bout ne puisse pas s'échapper ; puis on rabat le mastic sur la filasse de façon à la cacher. Ensuite, on enduit de céruse les bords du regard, sur lesquels on rapporte le bouchon ; enfin on visse l'écrou ou les écrous, pour donner au joint un écrasement bien régulier et modéré.

Il est essentiel de ne jamais employer pour le serrage des écrous de clefs trop longues, car un serrage excessif produit dans les boulons des avaries imperceptibles, dont on ne s'aperçoit pas tout d'abord, et qui un beau jour font que ceux-ci se rompent pendant le service de l'appareil, ce qui peut causer de dangereux accidents.

Pour faire un *joint sur une surface plane*, qu'il s'agisse d'un organe de chaudière ou de machine, on nettoie d'abord les surfaces qui vont être en contact, et qui auparavant doivent être dressées, et porter autant que possible des rainures qui ont pour objet d'assurer le joint en arrêtant le mastic ; puis on enduit ces surfaces de céruse, et on dispose autour de l'évidement un bourrelet de mastic de grosseur proportionnée aux dimensions du joint[57], et que l'on place en dedans des boulons de serrage, mais suffisamment loin du bord intérieur (5 ou 6 millimètres au moins) ; enfin l'on applique dessus une mèche de filasse, qu'on cache sous le mastic rabattu, et on rapporte la pièce à fixer que l'on serre à l'aide des écrous : le mastic s'écrase et fait joint.

---

57 Pour les plus grands on ne doit pas dépasser la grosseur du doigt.

Les mêmes observations que ci-dessus s'appliquent au mode de serrage des écrous ; quand le joint est convenablement préparé, un serrage modéré doit suffire, car s'il était trop énergique, cela pourrait amener dans les écrous, ainsi que je l'ai déjà dit, des avaries qui pourraient un jour ou l'autre devenir dangereuses.

En aucun cas, d'ailleurs, il ne faut refaire un joint à chaud sur une chaudière ou un récipient de vapeur. Quand un joint perd sur un appareil en marche, si la fuite est grave ou est l'indice d'un commencement d'avarie, il est nécessaire d'arrêter le fonctionnement ; si au contraire, il s'agit d'un défaut d'étanchéité sans importance, et que la prudence permette de marcher ainsi, on continue avec la fuite jusqu'au premier arrêt de l'appareil[58]. En tout cas on attend pour refaire le joint, que toute pression ait complètement disparu, car l'oubli de cette règle de prudence a trop souvent entraîné des accidents.

Rodages. — S'il s'agit d'un robinet, et c'est ce qui arrive le plus souvent, après avoir bien nettoyé sa clef, on jette sur celle-ci de la poudre très fine, telle que du tripoli ou de la pierre ponce bien pilée ; on fait ensuite entrer la clef dans le boisseau, et on commence à roder en la tournant par mouvements alternatifs, et tout en la faisant légèrement sortir et rentrer ; au bout d'un instant on retire la clef, on la lave et l'on voit par le polissage obtenu quelles sont les parties qui frottent ; on remet alors de la poudre sur celles-ci et on recommence le rodage, que l'on continue ainsi, jusqu'à ce que le polissage s'élargissant, la clef devienne entièrement brillante ; alors on lave le tout, et avant de fixer la clef dans son boisseau, on la graisse légèrement pour rendre le frottement plus doux.

Le rodage d'un clapet s'opère de la même façon, en jetant de la poudre sur son siège, et en le faisant tourner soit à la main, soit à l'aide d'un tourne-vis, que l'on engage dans une rainure ménagée à cet effet.

J'ajouterai en terminant que le rodage d'une pièce est un travail de patience, auquel il faut se soumettre si on veut obtenir un bon résultat.

Changement d'un tube indicateur du niveau de l'eau. — Les robinets de communication avec la chaudière étant fermés, on dévisse les écrous-bagues du haut et du bas du tube de niveau, on enlève les débris du tube cassé, et l'on nettoie très complètement les boîtes à étoupe et les logements haut et bas, de

58 Voir page 89, la précaution qu'il convient de prendre dans ce cas.

manière qu'il n'y reste aucune parcelle de vieille garniture, et que les orifices et passages de l'eau et de la vapeur soient bien libres. On dévisse aussi le bouchon placé au sommet de la monture supérieure et, par l'ouverture, on introduit le tube de rechange ; avant que l'extrémité inférieure de celui-ci arrive à la monture correspondante, on a soin d'enfiler sur le tube dans l'ordre qu'ils doivent occuper les presse-étoupes et écrous-bagues[59] ; on continue ensuite de faire descendre le tube pour l'amener en place dans ses montures.

Quand la monture du bas porte un redan sur lequel doit venir reposer l'extrémité inférieure du tube, il faut le faire descendre doucement et complètement jusqu'à ce qu'il vienne butter sur lui. Le tube doit être de bonne longueur et il est important de s'assurer si cette condition est remplie. En effet, il faut qu'il soit assez long pour déborder suffisamment les garnitures vers le haut et vers le bas, afin que celles-ci ne puissent venir obstruer ses extrémités ; il faut en même temps qu'il ne soit pas trop long, sans quoi il déborderait trop vers le haut et gênerait l'arrivée de la vapeur[60].

Vers le bas, quand les montures portent des redans convenablement disposés, le tube ne peut pas trop descendre et par conséquent venir gêner par lui-même l'arrivée de l'eau ; cependant comme ceci dépend des dispositions de ces organes, il faut que le chauffeur s'assure si cette condition est bien remplie. Mais vers le haut, il faut toujours vérifier à la pose de chaque tube que celui-ci ne gênera, ni ne rétrécira l'arrivée de vapeur, une fois que le bouchon supérieur sera remis en place.

Quand on s'est bien assuré de tout cela, l'on s'occupe de faire les garnitures, en commençant par celle du bas. A cet effet, prenant de la filasse, on la prépare et on l'allonge en une mèche uniforme, que l'on lubrifie comme pour les autres garnitures ; seulement, comme la boîte à étoupe est ici très petite, on ne la tresse pas, la tordant simplement sur elle-même pour lui donner plus de corps ; on enroule alors cette sorte de ficelle autour du tube, et on la fait glisser dans la boîte à étoupe de la monture inférieure ; puis on rapproche le presse-étoupe, et on le serre doucement en vissant à la main l'écrou-bague correspondant. Il est important de maintenir exactement le tube en place de manière qu'il ne remonte pas, par exemple, pendant cette opération[61].

---

59 Ainsi que les bagues eu caoutchouc, si les garnitures sont faites avec celles-ci.

60 Quand l'arrivée de la vapeur est gênée, le tube de verre indique plus d'eau qu'il n'y en a dans la chaudière.

61 A cet effet, on peut se servir d'une cale en bois que l'on arcboute contre le bouchon revissé, mais il faut avoir bien soin de la retirer dès que la pose du tube est terminée.

La garniture supérieure s'exécute comme l'inférieure. Lorsqu'elle est faite, et après s'être assuré de nouveau que le tube est resté en bonne position pour que les passages soient bien libres, on remet en place le bouchon supérieur, en le garnissant d'un fil de chanvre comme il a été dit, et on réintroduit doucement la vapeur, puis l'eau.

Dans ce travail, je rappelle qu'il faut toujours avoir soin de veiller à ce que la filasse ne déborde jamais aux deux extrémités du tube, sans quoi il se produirait des obstructions qui empêcheraient l'eau ou la vapeur d'arriver librement dans cet organe, ce qui fausserait ses indications, et pourrait ainsi exposer le chauffeur à laisser manquer d'eau sa chaudière. Le meule danger existerait si le tube n'était pas bien en place, où s'il était trop court ou trop long.

J'ai supposé, dans ce qui précède, qu'on fait les garnitures en filasse. Très souvent on donne aux chauffeurs, comme garnitures des tubes de niveau, des bagues coniques en caoutchouc, spécialement faites pour cet usage. Dans ce cas, la pose s'effectue toujours d'après les mêmes principes que je viens d'indiquer[62] ; mais il faut se rappeler que la composition et la qualité de la matière dont sont faites ces bagues, doivent être appropriées aux appareils et à la pression de marche des chaudières. Il faut que les bagues ne se ramollissent pas, ni ne se boursouflent, sans quoi elles risqueraient de déborder sous les extrémités du tube et de les obstruer ; or, un composé caoutchouteux qui résiste bien à une certaine température, peut se ramollir ou se boursoufler à une température supérieure : c'est pourquoi telles bagues qui donnent un bon service sur les tubes d'une chaudière à moyenne pression, peuvent ne pas convenir sur ceux d'une chaudière à haute pression ; il faut se méfier de ces circonstances.

62 Voir aussi l'Introduction, page xvi.

CHAPITRE XII

ÉPREUVES RÉGLEMENTAIRES DES APPAREILS A VAPEUR

Nous avons vu, au chapitre II, que tout générateur porte une ou plusieurs *médailles de timbre*, sur lesquelles est inscrit le chiffre de la pression qui ne doit jamais être dépassée en service. Quand la chaudière a subi l'épreuve réglementaire, ces médailles sont frappées à l'endroit des rivets qui les fixent à l'appareil d'un poinçon de l'État, représentant une tête de cheval ; elles portent en outre, frappés en creux, trois nombres placés les uns au-dessous des autres et qui indiquent la date de l'épreuve (jour, mois et année).

Ainsi la chaudière dont la médaille de timbre est représentée par la figure 3 (page 14), a été timbrée à 6^k le 15 mars 1895.

Les récipients de vapeur sont également soumis à l'épreuve du poinçonnage, dans les cas et sous les conditions indiqués par l'art. 30 du décret du 30 avril 1880[63].

Mais cette épreuve qui doit précéder la mise en service des appareils, et qui a lieu chez le constructeur n'est pas la seule qu'ils doivent subir. Dans certains cas, et au moins tous les dix ans, les appareils sont éprouvés de nouveau ; comme cette réépreuve se fait généralement dans l'usine où ils se trouvent, et que les chauffeurs peuvent être appelés à travailler à sa préparation, il est bon

63 Voir page 138.

de donner ici quelques indications sommaires sur cette opération : l'épreuve réglementaire des chaudières à vapeur, consiste à les soumettre à une pression hydraulique double de celle qui ne doit jamais être dépassée en service, sans toutefois que la surcharge soit inférieure à un demi-kilogramme, ni supérieure à 6^k par centimètre carré.

Pour les récipients, la surcharge d'épreuve est égale à la moitié de la pression maxima, sans pouvoir excéder 4^k par centimètre carré.

Cette pression s'obtient en général au moyen d'une pompe foulante (fig. 65) et est constatée par le manomètre vérificateur, dont est porteur l'Ingénieur ou le Contrôleur des Mines qui procède à l'épreuve.

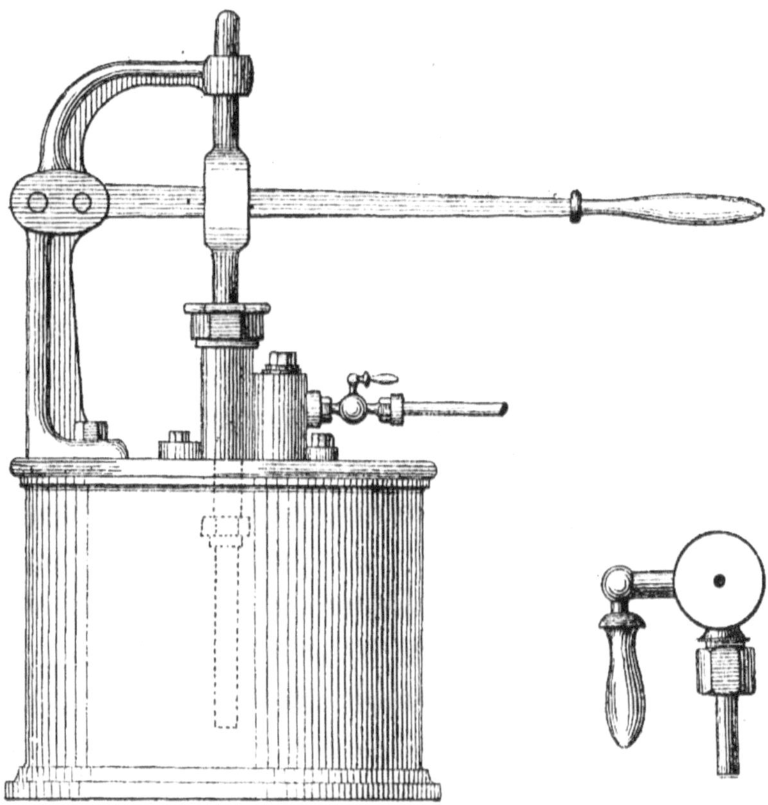

Fig. 65 Fig. 66

A cet effet, l'appareil à essayer doit porter un tuyau ou ajutage (fig. 66) terminé par une bride de 4 centimètres de diamètre et de 5 millimètres d'épaisseur, destinée à recevoir le manomètre vérificateur.

Toutes les parties de l'appareil devant être visitées pendant l'épreuve, leurs maçonneries et enveloppes métalliques ou autres qui peuvent les recouvrir, doivent être enlevées ou écartées. Les chaudières ou récipients doivent aussi, en vue de cette visite, être l'objet d'un nettoyage complet, tant à l'intérieur qu'à l'extérieur, avant d'être présentés à l'essai officiel.

La pression d'épreuve devant être obtenue par pression hydraulique, l'appareil doit être rempli d'eau de façon que celle-ci déborde à sa partie supérieure. A cet effet, on soulève un peu les soupapes, et on prend les précautions nécessaires pour emplir complètement les réservoirs de vapeur ou dômes, dans lesquels on perce au besoin un trou, au point le plus élevé, afin que tout l'air soit expulsé.

Pour que l'épreuve se fasse dans de bonnes conditions, il faut éviter les fuites par les joints, robinets, sifflets, etc., qui, en mouillant les tôles, rendent moins facile la constatation des suintements qui peuvent se produire à leur assemblage, ou même par de petites fissures en plein métal.

A cet effet, les robinets doivent être bien rodés, les soupapes calées fortement[64]; on doit aussi pratiquer des joints pleins à toutes les tubulures qui ne sont pas parfaitement étanches, et éviter l'emploi de tampons en bois secs, qui sont dangereux autant pour les personnes qui se trouvent près de l'appareil, et qui peuvent être atteintes, que pour l'appareil lui-même, qui éprouve un ébranlement considérable, quand ces tampons viennent à sauter.

Il faut aussi ne pas oublier de sortir des chaudières les boules creuses des flotteurs, qui peuvent s'écraser sous la pression et déterminer un à-coup susceptible de les ébranler.

Enfin, si la chaudière fait partie d'une batterie de plusieurs générateurs, ou d'une manière générale si l'appareil à éprouver est en communication avec d'autres appareils, il faut avoir soin de l'isoler complètement, en établissant au besoin un ou plusieurs joints pleins sur les tuyaux de communication.

En terminant, il est bon de rappeler aux chauffeurs que si les règlements d'administration publique ont sagement prescrit les épreuves dont je viens de parler, parce qu'elles sont propres à révéler certains défauts, elles ne les

64 Comme il s'agit là d'opérations qui se font sur la chaudière froide, il est licite de caler les soupapes lors de l'épreuve et cela est nécessaire, mais il ne faut pas oublier de les décaler aussitôt après,

révèlent pas tous, et par conséquent ce n'est pas une raison parce qu'un appareil à vapeur a été récemment éprouvé, pour que le chauffeur néglige d'en surveiller l'état, et de prendre toutes les mesures de précaution qui lui ont été recommandées au cours de cet ouvrage.

ANNEXES

RÈGLEMENTS

Décret du 30 avril 1880
Sur l'emploi des générateurs et récipients de vapeur, autres que ceux qui sont placés à bord des bateaux.

ARTICLE PREMIER. — Sont soumis aux formalités et aux mesures prescrites par le présent règlement : 1° les générateurs de vapeur, autres que ceux qui sont placés à bord des bateaux ; 2° les récipients définis ci-après (titre V).

TITRE PREMIER

Mesures de sûreté relatives aux chaudières placées à demeure.

ART. 2. — Aucune chaudière neuve ne peut être mise en service qu'après avoir subi l'épreuve réglementaire ci-après définie. Cette épreuve doit être faite chez le constructeur et sur sa demande.

Toute chaudière venant de l'étranger est éprouvée, avant sa mise eu service, sur le point du territoire français désigné par le destinataire dans sa demande.

ART. 3. — Le renouvellement de l'épreuve peut être exigé de celui qui fait usage d'une chaudière : 1° Lorsque la chaudière, ayant déjà servi, est l'objet d'une nouvelle installation ; 2° Lorsqu'elle a subi une réparation notable ; 3° Lorsqu'elle est remise en service après un chômage prolongé.

A cet effet, l'intéressé devra informer l'Ingénieur des Mines de ces diverses circonstances. En particulier, si l'épreuve exige la démolition du massif du fourneau ou l'enlèvement de l'enveloppe de la chaudière et un chômage plus ou moins prolongé, cette épreuve pourra ne point être exigée, lorsque des renseignements authentiques sur l'époque et les résultats de la dernière visite, intérieure et extérieure, constitueront une présomption suffisante en faveur du bon état de la chaudière. Pourront être notamment considérés comme renseignements probants les certificats délivrés aux membres des Associations de propriétaires d'appareils à vapeur par celles de ces Associations que le Ministre aura désignées.

Le renouvellement de l'épreuve est exigible également lorsque, à raison des conditions dans lesquelles une chaudière fonctionne, il y a lieu, par l'Ingénieur des Mines, d'en suspecter la solidité.

Dans tous les cas, lorsque celui qui fait usage d'une chaudière contestera la nécessité d'une nouvelle épreuve, il sera, après une instruction où celui-ci sera entendu, statué par le Préfet.

En aucun cas, l'intervalle entre deux épreuves consécutives n'est supérieur à dix années. Avant l'expiration de ce délai, celui qui fait usage d'une chaudière à vapeur doit lui-même demander le renouvellement de l'épreuve.

ART. 4. — L'épreuve consiste à soumettre la chaudière à une pression hydraulique supérieure à la pression effective qui ne doit point être dépassée dans le service. Cette pression d'épreuve sera maintenue pendant le temps nécessaire à l'examen de la chaudière, dont toutes les parties doivent pouvoir être visitées.

La surcharge d'épreuve par centimètre carré, est égale à la pression effective, sans jamais être inférieure à un demi-kilogramme ni supérieure à 6 kilogrammes.

L'épreuve est faite sous la direction de l'Ingénieur des Mines et en sa présence ou, en cas d'empêchement, en présence du Garde-Mines[65] opérant d'après ses instructions.

Elle n'est pas exigée pour l'ensemble d'une chaudière dont les diverses parties, éprouvées séparément, ne doivent être réunies que par des tuyaux

65 'Aujourd'hui Contôleur des Mines.

placés, sur tout leur parcours, en dehors du foyer et des conduits de flamme, et dont les joints peuvent être facilement démontés.

Le chef de l'établissement où se fait l'épreuve fournit la main-d'oeuvre et les appareils nécessaires à l'opération.

ART. 5. — Après qu'une chaudière ou partie de chaudière a été éprouvée avec succès, il y est apposé un timbre, indiquant, en kilogramme par centimètre carré, la pression effective que la vapeur ne doit pas dépasser.

Les timbres sont poinçonnés et reçoivent trois nombres indiquant le jour, le mois et l'année de l'épreuve.

Un de ces timbres est placé de manière à être toujours apparent après la mise en place de la chaudière.

ART. 6. — Chaque chaudière est munie de deux soupapes de sûreté, chargées de manière à laisser la vapeur s'écouler dès que sa pression effective atteint la limite maximum indiquée par le timbre réglementaire.

L'orifice de chacune des soupapes doit suffire à maintenir – celle-ci étant au besoin convenablement déchargée ou soulevée et quelle que soit l'activité du feu – la vapeur dans la chaudière à un degré de pression qui n'excède, pour aucun cas, la limite ci-dessus.

Le constructeur est libre de répartir, s'il le préfère, la section totale d'écoulement nécessaire des deux soupapes réglementaires entre un plus grand nombre de soupapes.

ART. 7. — Toute chaudière est munie d'un manomètre en bon état placé en vue du chauffeur et gradué de manière à indiquer en kilogrammes la pression effective de la vapeur dans la chaudière.

Une marque très apparente indique sur l'échelle du manomètre la limite que la pression effective ne doit pas dépasser.

La chaudière est munie d'un ajutage terminé par une bride de quatre centimètres ($0^{m},04$) de diamètre et cinq millimètres ($0^{m},005$) d'épaisseur disposée pour recevoir le manomètre vérificateur.

ART. 8. — Chaque chaudière est munie d'un appareil de retenue, soupape ou clapet, fonctionnant automatiquement et placé au point d'insertion du tuyau d'alimentation qui lui est propre.

ART. 9. — Chaque chaudière est munie d'une soupape ou d'un robinet d'arrêt de vapeur placé, autant que possible, à l'origine des tuyaux de conduite de vapeur, sur la chaudière même.

ART. 10. — Toute paroi en contact par une de ses faces avec la flamme doit être baignée par l'eau sur sa face opposée.

Le niveau de l'eau doit être maintenu, dans chaque chaudière, à une hauteur de marche telle qu'il soit, en toute circonstance, à six centimètres ($0^{m},06$) au moins au-dessus du plan pour lequel la condition précédente cesserait d'être remplie. La position limite sera indiquée, d'une manière très apparente, au voisinage du tube de niveau mentionné à l'article suivant.

Les prescriptions énoncées au présent article ne s'appliquent point :

1° Aux surchauffeurs de vapeur distincts de la chaudière ;

2. A des surfaces relativement peu étendues et placées de manière à ne jamais rougir, même lorsque le feu est poussé à son maximum d'activité, telles que les tubes ou parties de cheminée qui traversent le réservoir de vapeur, en envoyant directement à la cheminée principale les produits de la combustion.

ART. 11 — Chaque chaudière est munie de deux appareils indicateurs du niveau de l'eau, indépendants l'un de l'autre, et placés en vue de l'ouvrier chargé de l'alimentation.

L'un de ces deux indicateurs est un tube en verre, disposé de manière à pouvoir être facilement nettoyé et remplacé au besoin.

Pour les chaudières verticales de grande hauteur, le tube en verre est remplacé par un appareil disposé de manière à reporter en vue de l'ouvrier chargé de l'alimentation, l'indication du niveau de l'eau dans la chaudière.

TITRE II

Et*ablissement des chaudières à vapeur placées à dem*eure.

ART. 12. — Toute chaudière à vapeur destinée à être employée à demeure ne peut être mise en service qu'après une déclaration adressée par celui qui fait usage du générateur au Préfet du département. Cette déclaration est enregistrée à sa date. Il en est donné acte. Elle est communiquée sans délai à l'Ingénieur en chef des Mines.

ART. 13. — La déclaration fait connaître avec précision :

1° Le nom et le domicile du vendeur de la chaudière ou l'origine de celle-ci ;
2° La commune et le lieu où elle est établie ;
3° La forme, la capacité et la surface de chauffe ;
4° Le numéro du timbre réglementaire ;
5° Un numéro distinctif de la chaudière, si l'établissement en possède plusieurs ;
6° Enfin, le genre d'industrie et l'usage auquel elle est destinée.

ART. 14. — Les chaudières sont divisées en trois catégories.

Cette classification est basée sur le produit de la multiplication du nombre exprimant en mètres cubes la capacité totale de la chaudière (avec ses bouilleurs et ses réchauffeurs alimentaires, mais sans y comprendre les surchauffeurs de vapeur), par le nombre exprimant, en degrés centigrades, l'excès de la température de l'eau correspondant à la pression indiquée par le timbre réglementaire sur la température de 100 degrés, conformément à la table annexée au présent décret.

Si plusieurs chaudières doivent fonctionner ensemble dans un même emplacement et si elles ont entre elles une communication quelconque, directe ou indirecte, on prend, pour former le produit comme il vient d'être dit, la somme des capacités de ces chaudières.

Les chaudières sont de la première catégorie quand le produit est plus grand que 200 ; de la deuxième, quand le produit n'excède pas 200, mais surpasse 50 ; de la troisième, si le produit n'excède pas 50.

ART. 15. — Les chaudières comprises dans la première catégorie doivent être établies en dehors de toute maison d'habitation et de tout atelier surmonté d'étages. N'est pas considérée comme un étage au-dessus de l'emplacement d'une chaudière, une construction dans laquelle ne se fait aucun travail nécessitant la présence d'un personnel à poste fixe.

ART. 16. — Il est interdit de placer une chaudière de première catégorie à moins de trois mètres (3^m) d'une maison d'habitation.

Lorsqu'une chaudière de première catégorie est placée à moins de dix mètres (10^m) d'une maison d'habitation, elle en est séparée par un mur de défense.

Ce mur, en bonne et solide maçonnerie, est construit de manière à défiler la maison par rapport à tout point de la chaudière distant de moins de dix mètres (10^{m}), sans toutefois que sa hauteur dépasse d'un mètre (1^{m}) la partie la plus élevée de la chaudière. Sou épaisseur est égale au tiers au moins de sa hauteur, sans que cette épaisseur puisse être inférieure à un mètre (1^{m}) en couronne. Il est séparé du mur de la maison voisine par un intervalle libre de trente centimètres (0,30) de largeur au moins.

L'établissement d'une chaudière de première catégorie à la distance de dix mètres (10^{m}) ou plus d'une maison d'habitation n'est assujetti à aucune condition particulière.

Les distances de trois mètres (3^{m}) et de dix mètres (10^{m}), fixées ci-dessus, sont réduites respectivement à un mètre cinquante centimètres (1^{m},50) et à cinq mètres (5^{m}), lorsque la chaudière est enterrée de façon que la partie supérieure de la dite chaudière se trouve à un mètre (1^{m}) en contre-bas du sol, du côté de la maison voisine.

ART. 17. Les chaudières comprises dans la deuxième catégorie peuvent être placées dans l'intérieur de tout atelier, pourvu que l'atelier ne fasse pas partie d'une maison d'habitation.

Les foyers sont séparés des murs des maisons voisines par un intervalle libre de un mètre (1^{m}) au moins.

ART. 18. — Les chaudières de troisième catégorie peuvent êtres établies dans un atelier quelconque, même lorsqu'il fait partie d'une maison d'habitation.

Les foyers sont séparés des murs des maisons voisines par un intervalle libre de cinquante centimètres (0^{m},50) au moins.

ART. 19. — Les conditions d'emplacement prescrites, pour les chaudières à demeure, par les précédents articles, ne sont pas applicables aux chaudières pour l'établissement desquelles il aura été satisfait au décret du 25 janvier 1865, antérieurement à la promulgation du présent règlement.

ART. 20. — Si, postérieurement à l'établissement d'une chaudière, un terrain contigu vient à être affecté à la construction d'une maison d'habitation, celui qui fait usage de la chaudière devra se conformer aux mesures prescrites par les articles 16, 17 et 18, comme si la maison eût été construite avant l'établissement de la chaudière.

ART. 21. — Indépendamment des mesures générales de sûreté prescrites au titre 1er et de la déclaration prévue par les articles 12 et 13, les chaudières à vapeur fonctionnant dans l'intérieur des mines sont soumises aux conditions que pourra prescrire le Préfet, suivant le cas, et sur le rapport de l'Ingénieur des Mines.

TITRE III

Chaudières locomobiles.

ART. 22. — Sont considérées comme locomobiles les chaudières à vapeur qui peuvent être transportées facilement d'un lieu dans un autre, n'exigent aucune construction pour fonctionner sur un point donné, et ne sont employées que d'une manière temporaire à chaque station.

ART. 23. — Les dispositions des articles 2 à 11 inclusivement du présent décret sont applicables aux chaudières locomobiles.

ART. 24. — Chaque chaudière porte une plaque sur laquelle sont gravés, en caractères très apparents, le nom et le domicile du propriétaire et un numéro d'ordre, si ce propriétaire possède plusieurs chaudières locomobiles.

ART. 25. — Elle est l'objet de la déclaration prescrite par les articles 12 et 13. Cette déclaration est adressée au Préfet du département où est le domicile du propriétaire.

L'ouvrier chargé de la conduite devra représenter à toute réquisition le récépissé de cette déclaration.

TITRE IV

Chaudières des machines locomotives.

ART. 26. — Les machines à vapeur locomotives sont celles qui, sur terre, travaillent en même temps qu'elles se déplacent par leur propre force, telles que les machines des chemins de fer et des tramways, les machines routières, les rouleaux compresseurs, etc.

ART. 27. — Les dispositions des articles 2 à 8 inclusivement et celles des articles 11 et 24 sont applicables aux chaudières des machines locomotives.

ART. 28. — Les dispositions de l'article 25, § 1er, s'appliquent également à ces chaudières.

ART. 29. — La circulation des machines locomotives a lieu dans les conditions déterminées par des règlements spéciaux.

TITRE V

Récipients.

ART. 30. — Sont soumis aux dispositions suivantes les récipients de formes diverses, d'une capacité de plus de 100 litres, au moyen desquels les matières à élaborer sont chauffées, non directement à feu nu, mais par de la vapeur empruntée à un générateur distinct, lorsque leur communication avec l'atmosphère n'est point établie par des moyens excluant toute pression effective nettement appréciable.

ART. 31. — Ces récipients sont assujettis à la déclaration prescrite par les articles 12 et 13.

Ils sont soumis à l'épreuve, conformément aux articles 2, 3, 4 et 5.

Toutefois, la surcharge d'épreuve sera, dans tous les cas, égale à la moitié de la pression maximum à laquelle l'appareil doit fonctionner, sans que cette surcharge puisse excéder 4 kilogrammes par centimètre carré.

ART. 32. — Ces récipients sont munis d'une soupape de sûreté réglée pour la pression indiquée par le timbre, à moins que cette pression ne soit égale ou supérieure à celle fixée, pour la chaudière alimentaire.

L'orifice de cette soupape, convenablement déchargée ou soulevée au besoin, doit suffire à maintenir, pour tous les cas, la vapeur dans le récipient à un degré de pression qui n'excède pas la limite du timbre.

Elle peut être placée, soit sur le récipient lui-même, soit sur le tuyau d'arrivée de la vapeur, entre le robinet et le récipient.

ART. 33. — Les dispositions des articles 30, 31 et 32 s'appliquent également aux réservoirs dans lesquels de l'eau à haute température est emmagasinée, pour fournir ensuite un dégagement de vapeur ou de chaleur, quel qu'en soit l'usage.

ART. 34 — Un délai de six mois, à partir de la promulgation du présent décret, est accordé pour l'exécution des quatre articles qui précèdent.

TITRE VI

Dispositions générales.

ART. 35. — Le Ministre peut, sur le rapport des Ingénieurs des Mines, l'avis du Préfet et celui de le Commission centrale des machines à vapeur, accorder dispense de tout ou partie des prescriptions du présent décret, dans tous les cas où, à raison soit de la forme, soit de la faible dimension des appareils, soit de la position spéciale des pièces contenant de la vapeur, il serait reconnu que la dispense ne peut pàs avoir d'inconvénient.

ART. 36. — Ceux qui font usage de générateurs ou de récipients de vapeur veilleront à ce que ces appareils soient entretenus constamment en bon état de service.

A cet effet, ils tiendront la main à ce que des visites complètes, tant à l'intérieur qu'à l'extérieur, soient faites, à des intervalles rapprochés, pour constater l'état des appareils et assurer l'exécution, en temps utile, des réparations ou remplacements nécessaires.

Ils devront informer les Ingénieurs des réparations notables faites aux chaudières et aux récipients, en vue de l'exécution des articles 3 (1°, 2° et 3°) et 31, § 2.

ART. 37. — Les contraventions au présent règlement sont constatées, poursuivies et réprimées conformément aux lois.

ART. 38. — En cas d'accident ayant occasionné la mort ou des blessures, le chef de l'établissement doit prévenir immédiatement l'Autorité chargée de la police locale et l'Ingénieur des Mines chargé de la surveillance. L'Ingénieur se rend sur les lieux dans le plus bref délai, pour visiter les appareils, en constater l'état et rechercher les causes de l'accident ; il rédige sur le tout :

1° Un rapport qu'il adresse au Procureur de la République et dont une expédition est transmise à l'ingénieur en chef, qui fait parvenir son avis à ce magistrat ;

2° Un rapport qui est adressé au Préfet par l'intermédiaire et avec l'avis de l'Ingénieur en chef.

En cas d'accident n'ayant occasionné ni mort ni blessure, l'Ingénieur des Mines seul est prévenu ; il rédige un rapport qu'il envoie, par l'intermédiaire et avec l'avis de l'Ingénieur en chef, au Préfet.

En cas d'explosion, les constructions ne doivent point être réparées, et les fragments de l'appareil rompu ne doivent point être déplacés ou dénaturés, avant la constatation de l'état des lieux par l'Ingénieur.

ART. 39. — Par exception, le Ministre pourra confier la surveillance des appareils à vapeur aux Ingénieurs ordinaires et aux Conducteurs des Ponts et Chaussées, sous les ordres de l'Ingénieur en chef des Mines de la circonscription.

ART. 40. — Les appareils à vapeur qui dépendent des services spéciaux de l'État sont surveillés par les fonctionnaires et agents de ces services.

ART. 41. — Les attributions conférées aux Préfets des départements par le présent décret sont exercées par le Préfet de Police dans toute l'étendue de son ressort.

ART. 42. — Est rapporté le décret du 25 janvier 1865.

ART. 43. — Le Ministre des Travaux publics est chargé de l'exécution du présent décret, qui sera inséré au *Bulletin des Lois.*

Décret du 9 avril 1883
Sur les bateaux à vapeur naviguant sur les fleuves et rivières.
(*Extrait*)

TITRE II

*Épreuves et mesures de sûreté relatives aux Appareils à va*peur.

SECTION PREMIERE, - ÉPREUVES DES CHAUDIERES A VAPEUR.

ART. 11. — Aucune chaudière à vapeur destinée à la navigation fluviale ne peut être mise en service si elle n'a subi la double épreuve ci-après :

- L'une, chez le constructeur, par le Service de la surveillance des appareils à vapeur du département ;
- L'autre, à bord, par les soins de la Commission de surveillance.

Toute chaudière, venant de l'Étranger, est éprouvée en France par la commission de surveillance avant et après sa mise à bord.

Le Préfet pourra néanmoins, sur avis conforme de la Commission de surveillance, dispenser de la seconde épreuve lorsque, pendant le transport ou la mise en place, il ne se sera produit aucune avarie, et que, depuis la première épreuve, il n'aura été fait à la chaudière, ni modifications, ni réparations quelconques.

ART. 12. — L'épreuve est renouvelée :

1° Lorsque la chaudière ou une partie de la chaudière a subi les changements ou réparations notables ;

2° Lorsque, par suite d'une nouvelle installation, d'un chômage prolongé, ou des conditions dans lesquelles la chaudière fonctionne, il y a lieu d'en suspecter la solidité. Le renouvellement a lieu au siège de la Commission de surveillance, dans la circonscription de laquelle la nécessité en a été constatée.

Il appartient à la Commission de surveillance d'adresser, après examen, ses propositions au Préfet qui statue, le propriétaire entendu, sauf recours au Ministre.

En aucun cas, l'intervalle entre deux épreuves consécutives n'est supérieur à deux années pour les bateaux à voyageurs, et à quatre années pour les bateaux à marchandises, remorqueurs, etc. Avant l'expiration de ces délais, le propriétaire doit lui-même demander l'épreuve.

ART. 13. — L'épreuve consiste à soumettre les chaudières à une pression hydraulique supérieure à celle qui ne doit pas être dépassée dans le service.

Pour les chaudières neuves, remises à neuf ou refondues, la surcharge d'épreuve est égale à la pression effective indiquée par le timbre, sans jamais être inférieure à un demi-kilogramme, ni supérieure à 6 kilogrammes.

Pour la seconde épreuve de l'article 11, et dans tous les cas prévus par l'article 12, la surcharge d'épreuve est égale à la moitié de la pression effective indiquée par le timbre, sans jamais être inférieure à un quart de kilogramme, ni supérieure à 3 kilogrammes.

En cas de contestation touchant la quotité de la surcharge d'épreuve le Préfet statue, sur l'avis de la Commission de surveillance.

ART. 14. — La pression est maintenue pendant le temps nécessaire à l'examen de la chaudière, dont toutes les parties doivent être visitées.

Le propriétaire fournit la main-d'oeuvre et les appareils nécessaires pour l'épreuve.

ART. 15. — Après qu'une chaudière ou partie de chaudière a été éprouvée avec succès, il y est apposé un timbre indiquant en kilogrammes, par centimètre carré, la pression effective que la vapeur ne doit pas dépasser.

Les timbres sont poinçonnés par l'agent chargé de procéder à l'épreuve, et reçoivent, par ses soins, trois chiffres indiquant le jour, le mois et l'année de l'épreuve.

ART. 16 — L'épreuve n'est pas exigée pour l'ensemble d'une chaudière, dont les diverses parties éprouvées séparément, ne doivent être réunies que par des tuyaux placés, sur tout leur parcours, en dehors du foyer et des conduits de flamme, et dont les joints peuvent être facilement démontés.

SECTION II. — DES APPAREILS DE SURETÉ DONT LES CHAUDIÈRES DOIVENT ÊTRE MUNIES.

§ 1er. — Des soupapes de sûreté.

ART. 17. — Chaque chaudière est munie de deux soupapes de sûreté, chargées de manière à laisser la vapeur s'écouler, dès que sa pression atteint la limite maximum indiquée par le timbre, dont il est fait mention à l'article 15.

Chacune des soupapes doit suffire à maintenir à elle seule, étant au besoin convenablement déchargée ou soulevée, et quelle que soit l'activité du feu, la vapeur dans la chaudière à un degré de pression qui n'excède, dans aucun cas, la limite ci-dessus.

Le constructeur est libre de répartir, s'il le préfère, la section totale d'écoulement nécessaire des deux soupapes réglementaires, entre un plus grand nombre de soupapes.

§ II. — Des manomètres.

ART. 48. — Toute chaudière est munie d'un manomètre en bon état placé en vue du chauffeur et gradué de manière à indiquer, en kilogrammes, la pression effective de la vapeur dans la chaudière.

Une marque très apparente sur l'échelle du manomètre indique la limite que la pression ne doit pas dépasser.

Le chaudière est munie, en outre, d'un ajutage terminé par une bride de $0^{m},04$ de diamètre et $0^{m},005$ d'épaisseur, disposée pour recevoir le manomètre vérificateur.

§ 111. — De l'alimentation et des indicateurs du niveau de l'eau.

ART. 19. — Toute chaudière est en communication avec deux appareils d'alimentation, chacun de ces appareils devant pouvoir suffire aux besoins de la chaudière dans toutes les circonstances ; l'un d'eux doit fonctionner par des moyens indépendants de la machine motrice du bateau.

Chaque chaudière est munie d'un appareil de retenue, soupape ou clapet, fonctionnant automatiquement et placé à l'insertion du tuyau d'alimentation.

Lorsque plusieurs corps de chaudière sont en communication, l'appareil de retenue est obligatoire pour chacun d'eux.

ART. 20. — Chaque corps de chaudière est muni d'une soupape ou d'un robinet d'arrêt de vapeur placé, autant que possible, à l'origine du tuyau de conduite de vapeur, sur la chaudière même.

ART. 21. — Toute paroi en contact, par une de ses faces, avec la flamme, doit être baignée par l'eau sur la face opposée. Le plan d'eau doit être maintenu à un niveau de marche tel qu'il soit, en toute circonstance, à une hauteur moyenne de 10 centimètres, au moins, au-dessus du point pour lequel la condition précédente cesserait d'être satisfaite. Cette position limite est indiquée d'une manière très apparente au voisinage du tube de niveau, mentionné à l'article 22 ci-après.

En cas d'oscillation du bateau, on prendra, pour cette hauteur, la moyenne des hauteurs observées.

Les prescriptions énoncées aux paragraphes précédents du présent article ne s'appliquent point :

1. Aux surchauffeurs de vapeur distincts de la chaudière ;
2. A des surfaces relativement peu étendues et placées de manière à ne jamais rougir, même lorsque le feu est poussé à son maximum d'activité, telles que les tubes ou parties de cheminée qui traversent le réservoir de vapeur, en envoyant directement à la cheminée principale les produits de la combustion ;
3. Aux générateurs dits à production de vapeur instantanée.

ART. 22. — Chaque chaudière est munie de deux appareils indicateurs du niveau de l'eau, indépendants l'un de l'autre, placés en vue de l'agent chargé de l'alimentation, et convenablement espacés.

L'un de ces deux indicateurs est un tube de verre, disposé de manière à pouvoir être facilement nettoyé et remplacé au besoin. L'autre est un système de trois robinets étagés.

SECTION III - DES RÉCIPIENTS PLACÉS A BORD DES BATEAUX

ART. 23. — Sont soumis aux épreuves, conformément aux articles 11, 12, 13, 14 et 15, les récipients de formes diverses, d'une capacité de plus de 100 litres, au moyen desquels les matières à élaborer sont chauffées, non directement à feu nu, mais par de la vapeur empruntée à un générateur distinct, lorsque leur communication avec l'atmosphère n'est point établie par des moyens excluant toute pression effective notable.

Toutefois, la surcharge d'épreuve sera, dans tous les cas, égale à la moitié de la pression maximum à laquelle l'appareil doit fonctionner, sans que cette surcharge puisse excéder 4 kilogrammes par centimètre carré.

ART. 24. — Les récipients sont munis d'une soupape de sûreté réglée pour la pression indiquée par le timbre, à moins que cette pression ne soit égale ou supérieure à celle fixée pour la chaudière alimentaire.

L'orifice de cette soupape, convenablement déchargée ou soulevée au besoin, doit suffire à maintenir, pour tous les cas, la vapeur dans le récipient à un degré de pression qui n'excède pas la limite du timbre.

Elle peut être placée, soit sur le récipient lui-même, soit sur le tuyau d'arrivée de la vapeur, entre le robinet et le récipient.

ART. 25. — Les dispositions des articles 23 et 24 s'appliquent également aux réservoirs, dans lesquels de l'eau à haute température est emmagasinée, pour fournir ensuite un dégagement de vapeur ou de chaleur, quel qu'en soit l'usage.

Ordonnance du Préfet de Police du 3 janvier 1888 Sur le fonctionnement des appareils à vapeur dans les rues de Paris.

(*Extraits*)

ART. 1. - Aucun appareil à vapeur ne pourra être mis, ou maintenu en fonctionnement sur la voie publique, dans l'intérieur de Paris, qu'en vertu d'une autorisation préfectorale délivrée sur la demande du propriétaire, et sur l'avis des Ingénieurs des Mines.

Cette autorisation sera révocable, sur la proposition de l'Ingénieur en chef des Mines, le propriétaire de l'appareil entendu.

ART. 2. — Les chaudières et les machines devront satisfaire aux dispositions des règlements d'administration publique qui les concernent, notamment à celles du décret du 30 avril 1880 et de l'arrêté ministériel du 20 avril 1886 et, en outre, aux prescriptions spéciales qui suivent.

ART. 3. — Le tube indicateur en verre du niveau de l'eau sera convenablement éclairé pendant la nuit.

ART. 4. — Il existera deux appareils d'alimentation dont un au moins indépendant de la machine, et toujours approvisionné d'une quantité d'eau suffisante.

ART. 5. — Les soupapes de sûreté, si elles sont chargées par des ressorts, devront être munies de bagues d'arrêt, empêchant de tendre ces ressorts au-delà de la limite correspondant à la pression du timbre.

ART. 8. — Le seul combustible employé sera le coke.

ART. 11. — L'ouvrier chargé de la conduite d'un appareil sur la voie publique ne devra jamais le quitter. Il sera porteur de l'autorisation préfectorale prescrite par l'article 1er et devra la présenter à toutes réquisitions.

ART. 12. — Nul ne peut être employé en qualité de chauffeur d'un appareil à vapeur fonctionnant sur la voie publique s'il ne produit un certificat de capacité délivré dans les formes usitées pour les mécaniciens de bateaux à vapeur et sur l'avis des Ingénieurs des Mines

ART. 16. — Les contraventions à la présente ordonnance seront constatées par des procès-verbaux ou rapports qui nous seront transmis par les fonctionnaires préposés ou agents qui les auront dressés.

Ordonnance préfectorale du 14 août 1893 concernant le fonctionnement et la circulation sur la voie publique et dans le ressort de la Préfecture de Police, des véhicules à moteur mécanique, autres que ceux qui servent à l'exploitation des voies ferrées concédées.

(Extraits)

ART. 1. — Aucun véhicule à moteur mécanique autre que ceux qui servent à l'exploitation des voies ferrées concédées, ne peut être mis ou maintenu en usage sans une autorisation délivrée par Nous, sur la demande du propriétaire. Cette autorisation peut, à toute époque, être révoquée par Nous, le propriétaire entendu, sur la proposition des Ingénieurs.

ART. 18. — Nul ne pourra conduire un des véhicules à moteurs mécaniques spécifiés par la présente ordonnance s'il n'est porteur d'un certificat de capacité délivré par Nous à cet effet et afférant au genre de moteur du véhicule.

Il ne sera délivré de certificat qu'aux candidats âgés de 21 ans au moins.

Le postulant devra fournir, à l'appui de sa demande, son extrait de naissance et deux exemplaires de sa photographie (chaque exemplaire devra avoir deux centimètres de largeur sur trois centimètres de hauteur), ainsi qu'un certificat authentique de résidence.

L'un des exemplaires de sa photographie sera annexé au certificat.

Tout candidat devra faire la preuve, devant l'ingénieur en chef des Mines chargé du service des appareils à vapeur, ou son délégué :

1. Qu'il possède l'expérience nécessaire pour l'emploi prompt et sûr des appareils de mise en marche et d'arrêt et pour la direction du véhicule ;
2. Qu'il est à même de reconnaître si les divers appareils sont en bon état de service et de prendre toutes les précautions utiles pour prévenir les explosions et autres accidents ;
3. Qu'il saurait au besoin réparer une légère avarie de route.

Les certificats ainsi délivrés sont révocables, le titulaire entendu, et après avis de l'Ingénieur en chef des Mines.

Pour les véhicules mus par la vapeur, ces certificats tiennent lieu de ceux imposés par l'art. 12 de l'ordonnance du 3 janvier 1888, relative an fonctionnement des appareils à vapeur sur la voie publique.

ART. 19. — Le conducteur d'un véhicule à moteur mécanique devra toujours être porteur du livret spécial en tête duquel l'autorisation est délivrée et de son certificat personnel ; il devra exhiber ces pièces à toute réquisition des agents chargés de la surveillance des dits appareils ainsi qu'à celle des agents de l'autorité.

ART. 20. — Lorsque le véhicule sera en circulation ou en stationnement sur la voie publique, le conducteur ne devra jamais le quitter à moins qu'il n'ait pris toutes les précautions utiles pour rendre impossible une explosion de l'appareil moteur, une mise en route intempestive, ou toute autre circonstance dangereuse telles que bruits excessifs, etc., et qu'il n'ait assuré la garde de l'appareil sous sa responsabilité.

ART. 22. — En marche, le conducteur doit porter son attention sur l'état de la voie, sur l'approche des voitures ou des personnes et ralentir ou arrêter en cas d'obstacles, suivant les circonstances. Il doit obéir aux signaux d'alarme qui lui sont faits.

Il ne doit excéder, en aucun cas, les maxima de vitesse prévus par l'autorisation. Il doit, en outre, réduire la vitesse au-dessous de ces maxima autant que les circonstances l'exigent, en tenant compte des facultés d'arrêt dont il dispose, de l'état des appareils et de la voie, des glissements possibles lors de l'arrêt et des circonstances atmosphériques.

Il doit vérifier fréquemment, par l'usage, le bon état de fonctionnement de l'un et de l'autre des deux systèmes de commande de frein.

ART. 23. — Le mouvement devra être ralenti ou même arrêté toutes les fois que l'approche du véhicule en effrayant les chevaux ou autres animaux, pourrait être une cause de désordre ou occasionner des accidents.

En tous cas, la vitesse devra être ramenée à celle d'un homme au pas, dans les marchés, dans les rues étroites où deux voitures ne peuvent passer de front, au passage des grilles d'octroi ou des barrières, au détour ou à l'intersection des rues, à la descente des ponts et sur tous les points de la voie publique où il existera soit une pente rapide, soit un obstacle à la circulation.

Le conducteur du véhicule ne doit reprendre une plus grande vitesse qu'après avoir acquis la certitude qu'il peut le faire sans inconvénient.

ART. 24. — L'approche du véhicule devra être signalée toutes les fois que besoin sera, au moyen d'une corne, d'une trompe ou de tout autre instrument du même genre, à l'exclusion des appareils qui feraient un bruit analogue à celui des sifflets à vapeur.

ART. 25. — Le conducteur devra prendre la partie de la chaussée qui se trouvera à sa droite, quand bien même le milieu de la rue serait libre.

S'il est obligé de dévier à gauche, par la rencontre d'un obstacle, il devra reprendre sa droite, immédiatement après l'avoir dépassé.

ART. 33. — Les contraventions à la présente ordonnance seront constatées par des procès-verbaux ou rapports qui nous seront adressés pour être transmis au Procureur de la République, sans préjudice des mesures administratives auxquelles les constatations faites pourront donner lieu.

Arrêté du Préfet de Police du 8 octobre 1886 Sur la délivrance des commissions de mécaniciens des bateaux à vapeur[66].

(Extraits)

ART. 1. - Les commissions de mécaniciens, à bord soit des bateaux de commerce, soit des bateaux à voyageurs, seront délivrées à la suite d'un examen.

ART. 2. — Pour titre admis à subir l'examen, les candidats devront :
1° Produire un extrait de leur acte de naissance ;
2° Avoir 21 ans révolus pour la conduite des bateaux de commerce, et 25 ans pour celle des bateaux à voyageurs ;
Et 3° fournir des certificats authentiques constatant qu'ils ont une conduite régulière, et qu'ils sont de bonnes vie et moeurs.

Les mécaniciens ne seront commissionnés qu'après avoir justifié qu'ils ont été employés, pendant un an au moins, comme chauffeurs à bord des bateaux à vapeur.

ART. 3. — Indépendamment des conditions énumérées ci-dessus, il ne sera délivré de commission de mécanicien, pour la conduite des bateaux à voyageurs dans le département de la Seine, aux candidats déjà commissionnés, qu'autant qu'ils auront fait un stage d'au moins deux mois à bord des dits bateaux.

A cet effet, les compagnies des bateaux à voyageurs nous adresseront, en temps utile, les noms des élèves mécaniciens, désignés pour faire un stage, en indiquant les numéros des bateaux à bord desquels ils s'exerceront.

ART. 5. — L'Ingénieur en chef des Mines du service des appareils à vapeur est chargé de l'examen des candidats mécaniciens.

Le candidat doit avoir l'expérience nécessaire pour la conduite prompte et sûre d'une machine à vapeur, et connaître toutes les parties de la machine et le rôle de chacune d'elles, spécialement l'appareil alimentaire et les autres appareils de sûreté. Le procès-verbal d'examen indiquera que le candidat est

66 Cet arrêté s'applique en partie à la délivrance des commissions de chauffeur pour la conduite des locomobiles sur la soie publique à Paris (voir l'article 12 de l'Ordonnance préfectorale du 3 janvier 1888).

capable d'entretenir la machine en bon état ; qu'il peut, par exemple, refaire ou réparer un joint qui viendrait à perdre ; remettre en ordre une soupape ou un tiroir dérangé ; remplacer une pièce de rechange ; en un mot, qu'il est à même de démonter et de remonter la machine pièce à pièce, sinon de forger et d'ajuster les pièces qui la composent.

L'Ingénieur en chef s'assurera, enfin, que l'impétrant sait quelles sont les précautions à prendre pour la conduite du feu et de la chaudière pendant la marche, au moment du départ ou de l'arrivée, et pendant le stationnement.

ART. 8. — L'ingénieur en chef des Mines, l'inspecteur général de Navigation et des Ports et les agents sous leurs ordres, sont chargés, chacun en ce qui le concerne, d'assurer l'exécution du présent arrêté, qui sera imprimé et publié.

Arrêté ministériel du 3 mai 1892
Concernant l'admission des mécaniciens
et chauffeurs de chemins de fer.

ART. 1. — A partir du 1er juin 1892, quiconque demandera un emploi de chauffeur, assistant un mécanicien conducteur de train sur un chemin de fer ouvert à l'exploitation, ne pourra être admis au concours que s'il satisfait aux conditions suivantes :

- Être Français on naturalisé Français ;
- Avoir fait constater par un médecin, agréé par l'administration du chemin de fer, qu'il présente toutes les conditions physiques nécessaires, notamment qu'il distingue les signaux par l'ouïe et par la vue et qu'il perçoit nettement les couleurs ;
- Avoir subi d'une manière satisfaisante un examen technique et des essais pratiques.

ART. 2. — Le programme minimum de l'examen technique comprend :

Des notions élémentaires sur le règlement des signaux, sur les principaux organes de la machine et du tender, et notamment sur les appareils de sûreté.

Le programme minimum des essais pratiques comprend l'arrêt de la machine, la manoeuvre des freins et l'alimentation.

ART. 3. — A partir du 1er juin 1892, quiconque demandera un emploi de mécanicien-conducteur de train sur un chemin de fer ouvert à l'exploitation ne pourra être admis au concours que s'il satisfait aux conditions suivantes :

- Être Français ou naturalisé Français ;
- Avoir subi un examen médical semblable à celui que définit le paragraphe 3 de l'article premier du présent arrêté ;
- Avoir fait un service d'une durée minimum de six mois comme chauffeur assistant un mécanicien-conducteur de train, sauf exceptions justifiées par des circonstances spéciales et avec l'autorisation de l'administration ;
- Avoir subi d'une manière satisfaisante un examen technique et des essais pratiques.

ART. 4. — Le programme minimum de l'examen technique comprend :

- Le règlement des signaux, le règlement des mécaniciens, le règlement sur la circulation des trains, ainsi que les instructions et ordres de service qui s'y rapportent ou en tiennent lieu ;
- Le montage et le démontage des principales pièces de la machine et du tender, le fonctionnement de tous leurs organes, la connaissance des organes et de la manoeuvre des divers freins en usage sur le réseau de la Compagnie à laquelle appartient l'agent, les avaries de routes et les moyens d'y remédier.
- Le programme minimum des essais pratiques comprend la conduite de plusieurs trains.

ART. 5. — Le jury d'examen est nommé par l'administration du chemin de fer.

Avant toute autorisation de faire le service de mécanicien-conducteur de train, ou de chauffeur assistant un mécanicien-conducteur de train, une copie certifiée conforme du procès-verbal de l'examen technique et des essais pratiques est envoyée à l'Ingénieur en chef du Contrôle de l'Exploitation technique, qui s'assurera que l'examen répond bien aux conditions prescrites par le présent arrêté.

Loi du 21 juillet 1856
Concernant les contraventions aux règlements sur les appareils et bateaux à vapeur.
(Extraits)

TITRE II

Des contraventions relatives à l'usage des appareils à vapeur établis ailleurs que sur les bateaux.

ART. 3. — Est puni d'une amende de vingt-cinq à cinq cents francs, quiconque a fait usage d'une machine ou chaudière à vapeur sur laquelle ne seraient pas appliqués les timbres constatant qu'elle a été soumise aux épreuves et vérifications prescrites par les règlements d'administration publique.

Est puni de la même peine quiconque, après avoir fait faire à une chaudière ou partie de chaudière des changements ou réparations notables, a fait usage de la chaudière modifiée ou réparée sans en avoir donné avis au Préfet ou sans qu'elle ait été soumise de nouveau, dans le cas où le Préfet l'aurait ordonné, à la pression d'épreuve correspondant au numéro du timbre dont elle est frappée.

ART. 6. — Quiconque fait usage d'un appareil à vapeur autorisé, sans s'être conformé aux prescriptions qui lui ont été imposées en vertu des dits règlements, en ce qui concerne les appareils de sûreté dont les chaudières doivent être pourvus, et l'emplacement de ces chaudières, ou qui continue à en faire usage alors que les appareils de sûreté et les dispositions du local ont cessé de satisfaire à ces prescriptions, est puni d'une amende de vingt-cinq à deux cents francs.

ART. 7. — *Le chauffeur ou mécanicien qui a fait fonctionner une machine ou une chaudière à une pression supérieure au degré déterminé dans l'acte d'autorisation, ou qui a surchargé les soupapes d'une chaudière, faussé ou paralysé les autres appareils de sûreté, est puni d'une amende de vingt-cinq à cinq cents francs, et peut être, en outre, condamné à un emprisonnement de trois jours à un mois.*

Le propriétaire, le chef de l'entreprise, le directeur, le gérant ou le préposé par les ordres duquel a eu lieu la contravention prévue au présent article, est puni d'une amende de cent à deux mille francs, et peut être condamné à un emprisonnement de six jours à deux mois.

TITRE III

Des contraventions relatives aux bateaux à vapeur et aux appareils à vapeur placés sur ces bateaux.

ART. 10. — Est puni d'une amende de quatre cents à quatre mille francs, tout propriétaire de bateau ou chef d'entreprise qui fait usage d'une chaudière non revêtue des timbres constatant qu'elle a été soumise aux épreuves prescrites par les règlements d'administration publique ou qui, après avoir fait faire à une chaudière ou partie de chaudière des changements ou réparations notables, a fait usage, hors le cas de force majeure, de la chaudière réparée ou modifiée sans qu'elle ait été soumise à la pression d'épreuve correspondant au numéro du timbre dont elle est frappée.

ART. 11. — Est puni d'une amende de deux cents à quatre mille francs, tout propriétaire de bateau à vapeur ou chef d'entreprise qui, après avoir obtenu un permis de navigation, fait naviguer ce bateau sans se conformer aux prescriptions qui lui ont été imposées en vertu des règlements d'administration publique, en ce qui concerne les appareils de sûreté dont les chaudières doivent être pourvues, l'emplacement des chaudières et machines, et les séparations entre cet emplacement et les salles destinées aux passagers.

La même peine est applicable dans le cas où le bateau a continué à naviguer, après que les appareils de sûreté ou les dispositions du local, ont cessé de satisfaire à ces prescriptions.

ART. 12. — Est puni d'une amende de deux cents à deux mille francs, tout propriétaire de bateau à vapeur ou chef d'entreprise qui a confié la conduite de l'apparcil moteur à un mécanicien non pourvu des certificats de capacité exigés par les règlements d'administration publique.

ART. 13. — Est puni d'une amende de cinquante à cinq cents francs, le capitaine d'un bateau à vapeur si, par suite de sa négligence :

1° La pression de la vapeur dans les chaudières a été portée au-dessus de la limite fixée par le permis de navigation ;

2° Les appareils prescrits, soit pour limiter ou indiquer cette pression, soit pour indiquer le niveau de l'eau dans l'intérieur des chaudières, soit pour alimenter d'eau les chaudières, ont été faussés ou paralysés.

ART. 14. — *Est puni d'une amende de cinquante à cinq cents francs et, en outre, d'un emprisonnement de trois jours à trois mois, le mécanicien ou chauffeur qui, sans ordre, a surchargé les soupapes, faussé ou paralysé les autres appareils de sûreté.*

Lorsque la surcharge des soupapes a eu lieu, hors du cas de force majeure, par l'ordre du capitaine on du chef de manoeuvre qui le remplace, le capitaine ou le chef de manoeuvre qui a donné l'ordre est puni d'une amende de deux cents à deux mille francs, et peut être condamné à un emprisonnement de six jours à deux mois.

ART. 15. — *Est puni d'une amende de vingt-cinq à deux cent cinquante francs, et d'un emprisonnement de trois jours à un mois, le mécanicien d'un bateau u vapeur qui aura laissé descendre l'eau dans la chaudière au niveau des conduits de la flamme et de la fumée.*

ART. 18. — Le propriétaire du bateau à vapeur, le chef d'entreprise ou le gérant par les ordres de qui a lieu l'un des faits prévus par les articles 13, 14 et 16 de la présente loi, est passible de peines doubles de celles qui, conformément aux dits articles, seront appliquées à l'auteur de la contravention.

TITRE IV

Dispositions générales.

ART. 19. — En cas de récidive, l'amende et la durée de l'emprisonnement peuvent être élevées au double du maximum porté dans les articles précédents.

Il y a récidive lorsque le contrevenant a subi, dans les douze mois qui précèdent, une condamnation en vertu de la présente loi.

ART. 20. — Si les contraventions prévues dans les titres II et III de la présente loi ont occasionné des blessures, la peine sera de huit jours à six mois d'emprisonnement et l'amende de cinquante à mille francs ; si elles ont occasionné la mort d'une ou plusieurs personnes, l'emprisonnement sera de six mois à cinq ans, et l'amende de trois cents à trois mille francs.

ART. 21. — Les contraventions prévues par la présente loi sont constatées par les Ingénieurs des Mines, les Ingénieurs des Ponts et Chaussées, les Gardes-Mines[67] les Conducteurs et autres employés des Ponts et Chaussées et des Mines, commissionnés à cet effet, les Maires et Adjoints, les Commissaires de police et, en outre, pour les bateaux à vapeur, les Officiers de Port, les Inspecteurs et gardes de la Navigation, les membres des Commissions de surveillance instituées en exécution des règlements, et les hommes de l'art qui, dans les ports étrangers auront, en vertu de l'article 49 de l'ordonnance du 47 janvier 1846, été chargés par les Consuls ou agents consulaires français de procéder aux visites des bateaux à vapeur.

ART. 22. — Les procès-verbaux dressés en exécution de l'article précédent sont visés pour timbre et enregistrés en débet.

Ceux qui ont été dressés par des agents de surveillance et gardes assermentés, doivent, à peine de nullité, être affirmés dans les trois jours devant le Juge de paix ou le Maire, soit du lieu du délit, soit de la résidence de l'agent.

Lesdits procès-verbaux font foi jusqu'à preuve contraire.

Les procès-verbaux qui ont été dressés dans les ports étrangers, par les hommes de l'art désignés en l'article 21 ci-dessus, sont enregistrés à la chancellerie du Consulat et envoyés en originaux au Ministre des Travaux publics, afin que les poursuites soient exercées devant les tribunaux compétents.

ART. 23. — L'article 463[68] du Code pénal est applicable aux condamnations prononcées en exécution de la présente loi.

Code pénal (Extraits)

Homicides, blessures et coups involontaires.

ART. 319. — Quiconque, par maladresse, imprudence, inattention, négligence ou inobservation des règlements, aura commis involontairement un homicide, ou en aura été involontairement la cause, sera puni d'un

67 Aujourd'hui Contrôleurs des Mines.

68 Article relatif à l'admission des circonstances atténuantes.

emprisonnement de trois mois à deux ans, et d'une amende de 50 à 600 francs.

ART. 320. — S'il n'est résulté du défaut d'adresse ou de précaution, que des blessures ou coups, l'emprisonnement sera de six jours à deux mois, et l'amende sera de seize francs à cent francs.

Contraventions et peines.

ART. 471. — Seront punis d'une amende, depuis un franc jusqu'à cinq francs exclusivement :

1° Ceux qui auront négligé d'entretenir, réparer ou nettoyer les fours, cheminées ou usines où l'on fait usage du feu.

2° Ceux qui auront contrevenu aux règlements légalement faits par l'autorité administrative, et ceux qui ne se seront pas conformés aux règlements et arrêtés publiés par l'autorité municipale, en vertu des articles 3 et 4 du titre XI de la loi des 16-24 août 1790, et de l'article 46, titre 1er, de la loi des 19-22 juillet 1791.

Premiers soins à donner aux blessés en attendant l'arrivée du médecin[69].

Blessures. — 1° Arrêter l'écoulement du sang avec des compresses, de l'amadou, imbibées au besoin d'un mélange d'une cuillerée à café d'alun calciné dans un verre d'eau.

2° Rapprocher les chairs avec des bandelettes de sparadrap, ou de taffetas, si la coupure est peu profonde.

3° Panser avec la charpie enduite de cérat, recouverte d'une toile fenestrée (percée de trous) et fixée au moyen d'une bande ; panser matin et soir.

4° S'il y a simplement contusion, laver la plaie, avec de l'eau fraîche, puis la couvrir d'une compresse imbibée de teinture d'arnica, d'eau vulnéraire, ou d'eau blanche étendue d'eau (l'eau blanche se fait instantanément avec une cuillerée à café d'extrait de saturne dans un verre d'eau).

5° De toute façon, lorsqu'il y aura syncope, fatigue, éblouissement, faire prendre au blessé soit un petit verre de cognac, soit quelques gouttes

69 Ces mesures sont affichées dans les usines de la Ville de Paris.

de teinture d'arnica ou d'eau vulnéraire, lui faire respirer de l'éther, du vinaigre radical, etc.

Brûlures. — 1° Panser immédiatement la plaie avec un morceau de ouate enduite du mélange suivant : parties égales, d'eau de chaux et d'huile d'amandes douces, et renouveler le pansement soir et matin.

2° Employer à l'intérieur les mêmes moyens qu'au numéro 5 du premier paragraphe.

Foulures. — 1° Employer les compresses d'eau-de-vie camphrée, d'eau sédative, de teinture d'arnica ; envelopper le membre lésé au moyen d'une bande fortement fixée, et garder le repos.

2° A l'intérieur, toujours les mêmes moyens.

Fractures. — Mettre le patient dans la position la plus agréable pour lui maintenir le membre fracturé, le soutenir au moyen de vinaigre radical, d'éther et quelques gouttes de cognac, en attendant le pansement et l'arrivée du médecin.

TABLE DES MATIÈRES

www.ingramcontent.com/pod-product-compliance
Lightning Source LLC
LaVergne TN
LVHW090433061026
849522LV00002B/606

* 9 7 8 2 9 1 7 2 5 4 2 3 3 *